国防教育全视角知识书系

尖端武器
SOPHISTICATED WEAPON

# 海上无人系统

李　杰　主编
侯建军　著

中国科学技术出版社
·北　京·

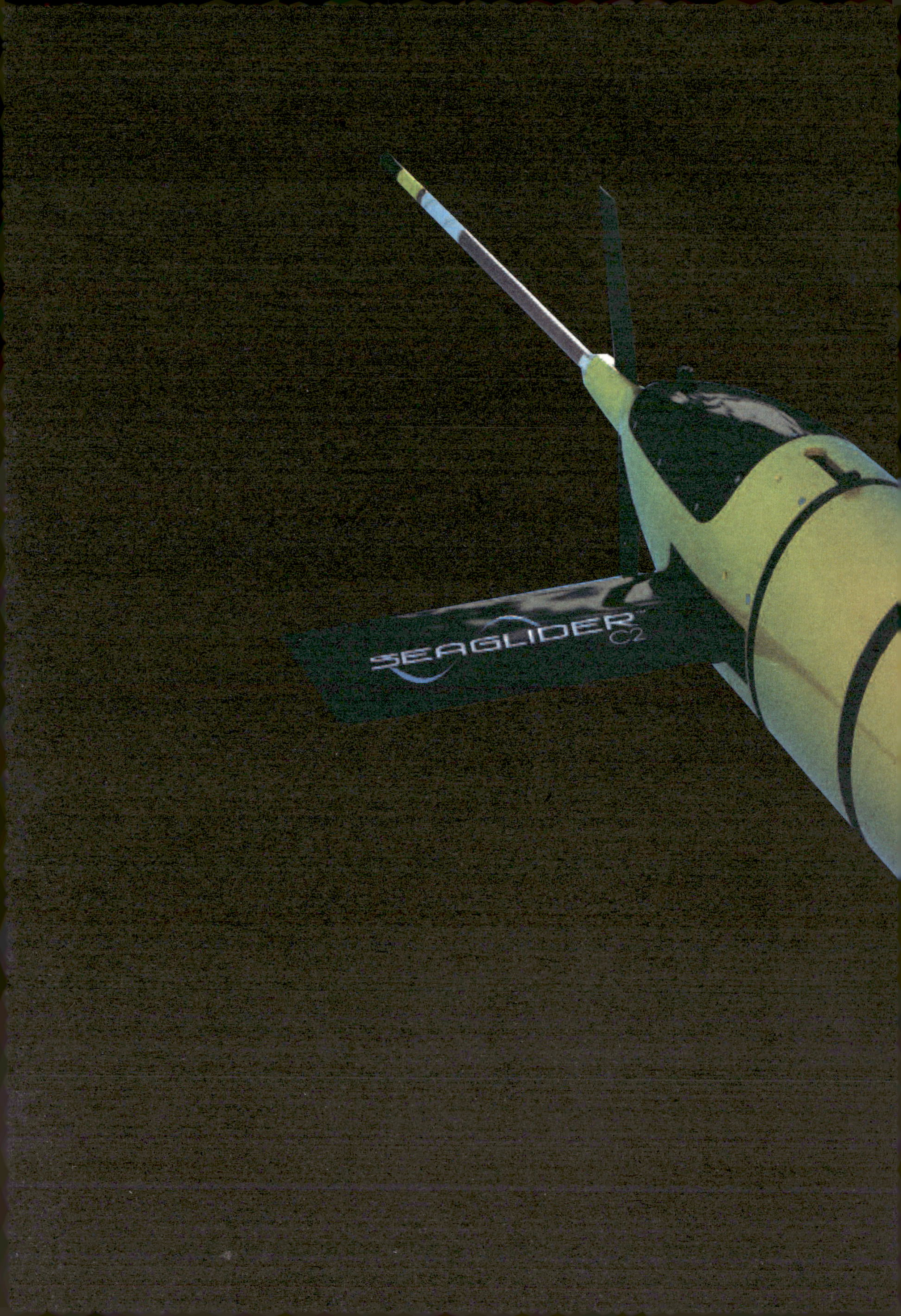
SEAGLIDER™
C2

**图书在版编目（CIP）数据**

海上无人系统/侯建军著. —北京：中国科学技术出版社，2020.6（2024.8重印）
（尖端武器/李杰主编）
ISBN 978-7-5046-8480-6

Ⅰ.①海… Ⅱ.①侯… Ⅲ.①海军武器—世界—青少年读物 Ⅳ.①E925-49

中国版本图书馆CIP数据核字（2019）第258434号

**总 策 划**　秦德继
**策划编辑**　李惠兴　郭秋霞
**责任编辑**　李惠兴　王绍昱
**装帧设计**　中文天地
**绘　　图**　崔玮龙　于丽娇
**封面设计**　崔玮龙
**责任校对**　焦　宁
**责任印制**　马宇晨

**出　　版**　中国科学技术出版社
**发　　行**　中国科学技术出版社有限公司
**地　　址**　北京市海淀区中关村南大街 16 号
**邮　　编**　100081
**发行电话**　010-62173865
**传　　真**　010-62173081
**网　　址**　http://www.cspbooks.com.cn

**开　　本**　710mm×1000mm　1/16
**字　　数**　180 千字
**印　　张**　10
**版　　次**　2020 年 6 月第 1 版
**印　　次**　2024 年 8 月第 2 次印刷
**印　　刷**　唐山富达印务有限公司
**书　　号**　ISBN 978-7-5046-8480-6/E·14
**定　　价**　59.80 元

# 丛书编委会

# 前言

海上无人系统（也称海战机器人）被公认为是颠覆未来海战游戏规则的装备之一。随着信息技术和智能化技术的发展，海上无人系统取得了长足的进步，特别是人工智能在海战装备领域的应用，将再次引发海战的革命，彻底改变人们以往对海战的认知。

海上无人系统由遥控型发展到自主型用了几十年时间，而从自主型到智能型的过渡将在很短时间内完成。有人预测未来5~10年人工智能技术会改变人们的生活方式。它一旦在军用系统广泛应用，将使无人系统在海战中发挥越来越重要的作用，应用领域也将越来越广泛，更多的作战任务将由无人系统去承担。在未来海战中，传统平台间的对抗或将被无人平台间的角逐所取代，不搭载海上无人系统的传统作战平台的作用逐渐降低，而且在对抗中将越发处于不利或被动的境地。海上无人系统的技术水平和搭载的武器装备种类、数量将成为衡量海上作战平台性能的重要指标。

为使读者能够全面了解海上无人系统，本书从其发展背景、任务领域、实战应用、关键技术等几个方面介绍了国外海军海战机器人的发展与装备情况。1958年，无人潜航器首次公开亮相，并取得了骄人的业绩，在至今60年的发展过程中，无人潜航器已形成了一个庞大的家族，用途各异的潜航器竞相问世，在不同行业、领域发挥着重要作用。无人水面艇后起直追，发展势头很猛，正逐步替代水面战斗舰艇，承担越来越多的任务。海上无人系统可以执行很多作战任务，而且任务领域还在不断拓展，限于篇幅，本书只介绍了其在情报监视与侦察、水雷战、反潜作战、海上封锁、特种作战、网络中心战等几个方面的应用前景。通过国外在演习、实战、海上救援等方面的实战应用，读者可从中窥见、推知未来海上无人系统在海战中的作用。麻雀虽小，五脏俱全。看似小巧的海上无人系统却应用了许多现代先进技术，本书只列举了目前国外在发展海

上无人系统时应用的几项关键技术。

本书下笔之际，许多朋友提供了大量参考资料和建议；在编写过程中还参阅了互联网上的相关资料和图片，在此一并谨致谢忱。

由于本人水平有限，加之资料有限，书中难免有疏漏和不当之处，谨表歉意。

侯建军

# 目录

## 第1章　海上无人系统的发轫



## 第2章　海上无人系统的任务领域

## 第3章　海上无人系统的实战应用

## 第4章　海上无人系统的关键技术

# 第1章

# 海上无人系统的发轫

有史记载以来，人类为了生存的食品和物资、土地（海洋）、能源、信仰等争斗了几千年。从人类战争的历史看，某些装备的发明对作战方式产生了巨大的影响，并引发军事革命，不断改变战争的形态。火药的出现结束了长达几千年的冷兵器时代，欧洲国家从16世纪开始用滑膛枪炮取代长矛刀剑，火炮成为制胜武器。蒸汽机以及后来各类发动机的发明，催生了铁甲舰、飞机等装备，军队的机动性发生天翻地覆的变化。20世纪初至20世纪中叶，人类经历两次世界大战，战争期间出现的坦克、航空母舰和化学武器等使战争形态和进程大为改观，战场从平面变为立体，进而发展到今天的多维空间作战。第二次世界大战后期研制成功的核武器如同阴云般笼罩着全世界，战争的特征变为核威慑下的常规武器战争。始于20世纪80年代中期的新军事革命的主要特征是以信息技术为核心的高新技术迅速发展，无人作战系统应运而生，其中无人水面艇和无人潜航器（本书统称“海战机器人”）的发展，可以肯定的是未来战争将是智能化的战争，海战机器人将扮演重要角色。

## 一、初出茅庐　一展身手

随着自动化、信息化技术的发展，创新装备不断涌现，战争形态也在逐步朝着信息化战争的方向迈进，战争无人化的趋势越来越明显。各国投入巨资研发的各种无人作战平台在局部战争和日常的演习中开始崭露头角，向世人显示出其巨大的发展潜力和应用前景。

海战机器人中的无人潜航器起步早、发展快，从广义上讲，无人潜航器属于机器人的一种，所以也称为“水下机器人”。不过，军用无人潜航器与民用水下机器人不同，为适应水下环境、便于携带，更像是一台机器或鱼雷。水下机器人最初靠电缆与母船连接，由船员遥控操作，所以也称为无人遥控潜水器。它主要用于潜入深海代替人类完成某些水下作业。由于水下环境十分恶劣且危险，人类的潜水深度有限，即便是经过特殊训练的潜水员也只能下潜100米左右，而许多水下任务远不止这个深度，所以需要开发水下机器人来完成这些任务。今天，水下机器人不仅是开发海洋的重要工具，也成为海上作战的重要装备。

世界上最早问世的无人潜航器是美国人 1958 年研制成功的缆控水下救捞器（CURV），研制的主要目的是为了打捞沉船沉物，最初也没有引起世人的关注。

1965 年，美国海军研制成实用型的 CURV- Ⅰ，它第一次披挂上阵是 1966 年的一次深海打捞。

当年 1 月，美国空军 B-52 战略轰炸机与 KC-135 加油机在空中相撞，轰炸机上携载的 1 枚氢弹掉进地中海，深度 868 米。这事一旦被媒体公布于世，必将引起轩然大波，如果任其沉睡海底，发生核泄漏，谁也担不起这个责任。当时，潜艇和一般打捞器材的潜深都达不到这个深度，只能望洋兴叹。于是，有人想到了 CURV，美国军方紧急调用这种遥控水下机器人进行探测和协助打捞。CURV 用锚具挂住氢弹上面的降落伞，由打捞船将这枚当量为 150 万吨的氢弹吊出水面，成为了无人潜航器水下成功作业的先例。

◎ 无人潜航器 CURV

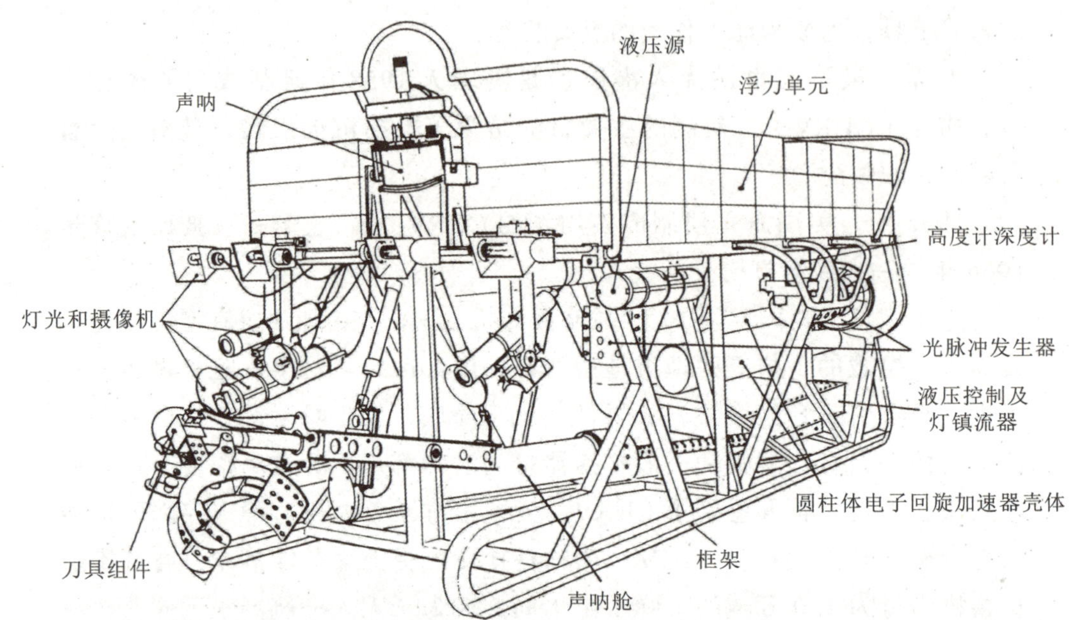


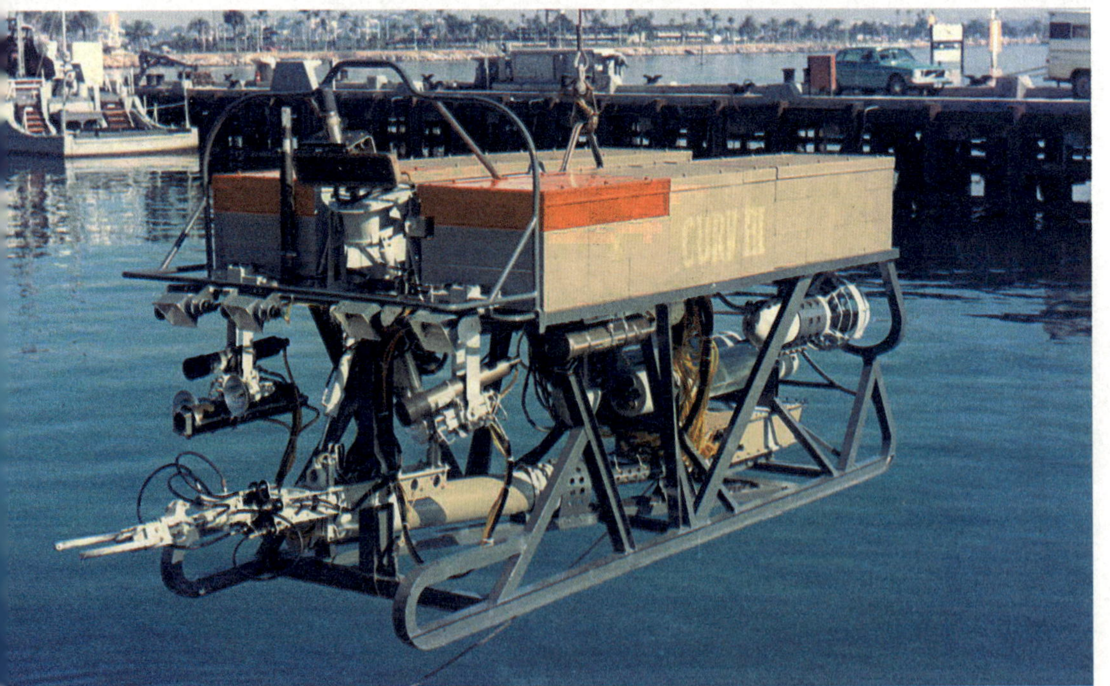


◎ 无人潜航器 CURV- Ⅲ C 型潜水器

因 CURV- Ⅰ的出色表现，美国海军 1967 年和 1971 年先后推出了其改进型，CURV- Ⅱ和 CURV- Ⅲ。1973 年 CURV- Ⅲ C 型潜水器曾参与打捞“双鱼座”Ⅲ载人深潜器。“双鱼座”Ⅲ是加拿大的一型商用深潜器，出事时正在爱尔兰海底铺设跨大西洋的电话电缆。在这次事故中两名英国人随深潜器一起被困在 480 米的深海，它上面携带的氧气只能维持 72~76 小时。最初试图用“双鱼座”的姊妹船打捞，但未成功。在美国、英国、加拿大的配合下，CURV- Ⅲ C 型潜水器从 6000 英里（1 英里 =1.609 千米）外赶赴现场，在恶劣的气象条件下，CURV- Ⅲ C 型潜水器终于将绳索挂在深潜器上，从而成功地从水下 480 米处将其打捞出来，船员获救距极限的 76 小时仅差几分钟。

无人潜航器的上乘表现引发了各国研制热潮，各种不同用途的潜航器竞相问世，在不同行业和领域发挥着重要作用。人们常说 21 世纪是海洋世纪，各国为开发利用海洋，研制出各式水下机器人，用于水下探测、勘察、救捞等业务。在军事方面，美国海军 1988 年制定了水下无人潜航器的发展计划，1994 年制定了无人潜航器发展规划。为无人潜航器的发展奠定了理论基础，明确了发展方向和重点。目前美国海军的无人潜航器主要用于反水雷、监视、情报收集和海洋测量等领域，并正在发展可用于水下攻击的无人潜航器。

## 二、异彩纷呈 各领风骚

无人系统经过几十年的发展已经形成了一个庞大的家族，从活动空间上可分为空中的无人机，地面的无人车，海上的无人水面艇、无人潜航器。本文主要介绍海战机器人（海上无人系统），即无人潜航器和无人水面艇。海战机器人已被强国海军定为提升和扩大海上优势的关键装备，它既可独立作战，也可与有人舰艇协同作战，可在有人舰艇不适合或无法作战的区域内行动，为情报监视与侦察（ISR）、海床战和欺骗战等海上任务提供支持。

## 1. 千姿百态的无人潜航器

（1）按自主性分类。无人潜航器按自主性可分为遥控型无人潜航器（ROV）和自主型无人潜航器（AUV）。早期发展的无人潜航器受通信技术和计算机技术水平的制约，多为遥控型，通过电缆与母船连接，所以也称为缆控潜航器。潜航器根据母船上的操纵员下达的各种指令完成各种动作，获得的水下目标信息通过电缆回传给母船，另外还可通过电缆获得电力。

（2）按航行方式分类。缆控潜航器按航行方式又分为水下自航式、拖航式和海底爬行式三种。自主型无人潜航器的智能化程度在逐步提高，可自主航行、执行水下作战任务。它与母船之间没有连接电缆，可根据预置程序完成简单的动作。智能化程度高的则可通过机器学习，自主执行多种任务。这是无人潜航器的发展方向。

（3）按动力形式分类。无人潜航器按动力形式可分为电力推进、无动力滑翔、其他等 3 类。①电力推进潜航器通过与母船连接的电缆供电，或是利用搭载的蓄电池供电，驱动螺旋桨前行。有缆型的优势是可根据情况变换航速和航向，缺点是受限于电缆，活动范围较小。无缆型的优势是行动自如、灵活，但储能有限，不能长时间航行。有的潜航器出于水下作业的需要还装有侧推装置，以便精确定位。②无动力滑翔型主要靠改变自身浮力和波浪产生的能量航行，所以也称为环境动力型，可细分为浮力滑翔机和波浪滑翔机两类，根据工作机理又可分为电力型和热力型。其优势是只需储备少量能源，主要是借助外力航行，所以可长时间在水下执行任务，缺点是航速低，任务领域有限。

（4）按技术指标分类。美国海军根据排水量、直径、续航力、有效载荷等技术指标，将自主型潜航器分为 4 类。①超大型潜航器：直径大于 0.91 米，排水量 9000 千克以上，高负载情况下可持续航行 100~300 小时，低负载情况下可续航 400 小时。由于内部空间大、可装多种负载，所以能够执行多种复杂的作战任务。一般由作战舰艇或军辅船布放。②大型潜航器：直径 0.5~0.7 米，排水量小于 1360 千克，高负载情况下可持续航行

◎ 遥控型无人潜航器（ROV）

◎ 自主型无人潜航器（AUV）

20~50 小时，低负载情况下可续航 40~80 小时。一般由作战舰艇或军辅船布放，有的可从鱼雷发射管布放。③中型潜航器：直径小于 0.32 米，排水量小于 225 千克，高负载情况下可持续航行 10~20 小时，低负载情况下可续航 20~40 小时。可从各种舰船或潜艇鱼雷发射管布放。④小型潜航器：直径 0.32~0.19 米，排水量小于 50 千克，高负载情况下可持续航行 10 小时，低负载情况下可续航 10~20 小时，多采取手工抛放。

## 2. 麻雀虽小·五脏俱全

从外形看，军用无人潜航器多采用类似鱼雷的形状，不过，大型无人潜航器的外观多为对称的矩形结构。从内部结构看，与鱼雷也十分相似。潜航器通常由壳体结构、压载系统、控制系统、导航系统、能源系统、推进系统、通信系统和任务模块等组成。它不装载炸药，根据任务需求，搭载不同的探测、侦察设备。遥控潜航器通常有一根用于供电和传递信息的

◎ “斯洛克姆”（Slocum）自主式水下滑翔机

电缆，所以一般没有能源系统。此类无人潜航器采用什么样的外形并不重要，也没必要采用流体力学壳体。原因是配备电缆会影响遥控潜航器的机动性能，靠母船来提供电力，所以不需要加装能源系统，流体力学壳体也不是很重要。另外，遥控潜航器通常不配备导航系统和通信系统（无线电通信系统或声学通信系统），水下行动由母船通过电缆传递的信息控制。

（1）壳体结构。包括耐压壳体结构和非耐压壳体结构。无人潜航器在深海活动时，要承受巨大的海水压力。无人潜航器受到的压力会随下潜深度增加而呈线性增大。一般而言，下潜深度每增加 10 米，水压就会增加 1 个大气压。下潜到 6000 米的深处，就要承受约 600 个大气压。所以大潜深的无人潜航器需要采用高强度抗压材料制造，而在相对较浅水域使用的自主潜航器，其耐压壳体结构采用铝合金、碳纤维等材料制成，非耐压结构一般使用采用玻璃钢制成，以降低造价。非耐压壳体采用流体力学的外形可保证潜航器具有较好的适航性和隐身性，不但可以减少外壳的水下航行阻力，具有良好的航行稳定性，而且航行时的水噪声也较小。

（2）压载系统。压载系统的主要作用是在航行时保持浮力平衡或近平衡状态，从而使自主潜航器的壳体在下潜时保持在接近水平的状态。自主潜航器配有由铅或泡沫塑料制成的固定浮力系统，当自主潜航器的部件或有效载荷发生变动时，浮力系统会自动进行调节，使浮力保持不变。上浮、下潜或装配有效载荷时，自主潜航器一般利用可变压载系统来保持浮力平衡。应急可抛式压载物是压载系统的组成部分，自主潜航器在发生硬件故障时会释放这些压载物，从而自行上浮到水面。设计压载系统是船舶常用的工程设计，压载技术也是一种比较成熟的技术。

（3）控制系统。控制系统的主要作用有二：一是控制潜航器的航行状态和姿态，并控制搭载的传感器的工作。潜航器之所以能在水下自由下潜和上浮，其奥秘是内部有个类似鱼鳔功能的气囊或油囊。大家知道鱼鳔里面储藏着空气，鱼在水中可以自由沉浮，就是靠改变鱼鳔的体积来实现的。水下滑翔机还配备有浮力控制系统，通过控制体内前后油囊的油量使潜航器呈锯齿状前行。二是对潜航器的任务进行规划，包括航路规划、任务规划和作业规划等。

（4）导航系统。导航系统的主要任务是保证潜航器按照预定指令安全航行，准确到达目的地，并正确地执行预定任务，为此，需要不断地获取位置、航向、深度、速度和姿态等信息。所以潜航器上通常搭载捷联惯导系统、多普勒测速声呐、GPS（全球定位系统）和卡尔曼滤波器等用于导航的设备。另外还有磁罗经、陀螺罗经、温盐深探测仪、压力计、磁力计、测高声呐、测深声呐、定位系统等导航定位设备。只是根据潜航器大小、任务性质有所取舍。今天，GPS 已广泛用于我们的日常生活，下载导航应用软件装在手机

知识链接

**“斯洛克姆”（Slocum）自主式水下滑翔机**

“斯洛克姆”是美国海军装备的无推进动力水下滑翔机。主要任务是提供近实时的温盐深数据，从而为反潜战提供相关海域的声传播数据，这是反潜作战的基础数据。

该水下滑翔机采用类似鱼雷的外形，分为电力型“斯洛克姆”由碱性蓄电池提供动力，可以持续工作15~30天、航程600~1500千米，并且能够搭载定制的载荷。可以根据指令下潜到4~200米处作业，并且还可以滑行至水下1000米左右。

里就可以导航了。潜航器在水面航行时可以借助 GPS 定位，但在水下航行时情况就不一样了，因为 GPS 信号在水下会大大衰减，战时 GPS 还会受到干扰，因此无人潜航器在潜航时只能靠其他导航装置定位。惯性导航系统通过测量加速度并对加速度进行积分来确定相对于海洋或海底的速度；多普勒测速仪利用声音回波来测量自主型潜航器在海洋或海底的相对速度。控制器对速度进行积分，推算出自主无人潜航器的位置，然后用 GPS 进行修正。在采用多普勒测速技术的条件下，自主型无人潜航器可获得接近 GPS 的导航精度，并且在很长距离内都不需要使用 GPS 进行修正。

（5）能源系统。能源系统的主要任务是为无人潜航器提供航行和作业任务所需的能源。除了水下滑翔机以外，大多数的潜航器都采用电力推进，所以能源系统主要包括为推进系统提供电力的动力电池和为任务系统提供电力的设备电池。电池容量的大小直接关系到潜航器的航程和执行任务的时间，无人潜航器的航行速度取决于电池的功率，而续航力则取决于获得的供能。遥控潜航器靠供电电缆提供电能，因此供能不是问题。水下滑翔机的能量效率特别高，可以使用民用碱性电池作为动力能源，碱性电池可靠性高，价格也十分低廉。由于无人潜航器的任务越来越复杂，对航速和续航力的要求越来越高，而且传感器和处理设备也需要消耗大量的电力，因此对能源系统的要求越来越高。20 世纪 80 年代，自主潜航器普遍使用铅酸电池作为能源，但铅酸电池的重量较大，提供的能量有限。后来，银锌电池取代了铅酸电池，但银锌电池费用过高，而且在几次放电后容易发生故障。此后，又改用锂电池作为动力能源，锂电池的能量密度是普通银锌电池的 3~4 倍，但锂电池只能一次性使用，不可多次充电。目前国外正在研发可多次充电的镍氢电池。现在无人潜航器使用最多的是锂电池，其

“反潜战持续跟踪无人水面艇”（ACTUV）

美国海军装备的大型无人水面艇，用于长时间在海上跟踪潜艇，首艇“海上猎手”号于2016年4月服役。主要针对近海探测、跟踪常规潜艇，在其他平台发现有潜艇活动的迹象后，由该艇前往目标区展开搜索、跟踪。

ACTUV采取三体船结构，具有很好的适航性，可在5级海情下稳定航行，7级海情下不会倾覆。装备有摄像及红外成像设备的光电传感器和雷达，MS3声呐系统等，但不装备攻击性武器。

采用了耐压设计技术，可以快速交替使用。英国 BAE 系统公司还在论证一种新型的自主潜航器，能在水面使用小型柴油机自行充电。宾夕法尼亚大学应用研究所正在研发一种燃料发动机，使用金属铝粉末为燃料，使用海水为氧化剂。采用新技术的水下滑翔机可以利用海水温差获取能量（用于产生推进力和为滑翔机子系统供电），可在不补给燃料或重新充电的情况下，连续工作 1 年甚至更长的时间。

（6）推进系统。推进系统的作用是按照指令以一定的速度在水下前进、后退、沉浮，大中型潜航器一般装多组推进器，如水平推进器、垂直推进器和横向推进器。现役潜航器多装备导管型推进器，以减少航行阻力，提高推进效率。

（7）通信系统。通信系统是潜航器与母船或其他作战平台保持联系、

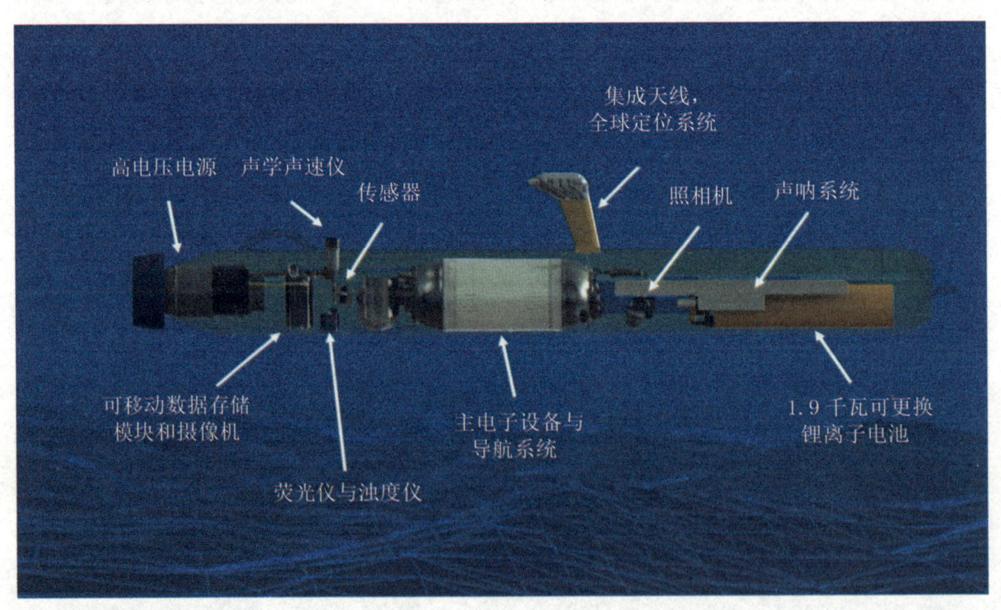


◎ 无人潜航器内部结构图

传递信息的设备，一是接收母船的指令，二是将传感器获取的信息和自身的信息回传给母船。无论在水下行动还是在水面行动中，无人潜航器都需

要与外界通信。有的潜航器采用光纤有线通信，有的采用水声、无线电及卫星等无线通信，所以无人潜航器一般搭载光纤信号缆或无线电高频调制解调器、水声调制解调器、卫星通信接收机等设备。

（8）任务模块。主要是根据类型和任务特性搭载的传感器等设备，一般有合成孔径声呐、侧扫声呐、前视声呐和海底剖面仪等声学探测设备，视频摄像机、视频照相机、探照灯和激光扫描系统等光学探测设备，激光雷达等雷达探测设备。

### 3. 后起之秀：无人水面艇

无人水面艇（USV）的发展起步较晚，现阶段国外研制的无人水面艇主要用于反水雷作战、反潜探测与跟踪等任务，只有少数几型艇基本定型，大多还处于研制阶段，或是正在进行海上试验。与无人潜航器相比，无人水面艇的种类比较单一。

（1）按外形。无人水面艇可分为半潜式、常规滑行式、水翼式。半潜式无人水面艇在航行时大部分船体潜在水下，以便对水中物体进行探测，多用于执行扫雷任务。常规滑行式无人水面艇的外形类似普通的水面舰船。水翼式无人水面艇的外形类似水翼艇，如日本海上自卫队的“隼级”水翼导弹艇，其特点是航行时船体大部分在水翼的支撑下浮出水面，因此航行阻力小航速高。

（2）按自主水平。无人水面艇分为遥控型、半自主型和全自主型。①遥控型无人水面艇由岸基或母船上的遥控站操控，根据指令完成各种作业，主要用于扫雷，是各国主要发展的无人水面艇。②半自主型无人水面艇按照预先设定的程序、规划好的航线或指令在海上航行，执行规定的任务，如 $C^4$ISR、反潜、扫雷等任务，典型代表有美国的“斯巴达侦察兵”“海狐”、以色列的“保护者”“晃貂鱼”、德国的“哨兵”、英国的“卫兵”等。③全自主型无人水面艇完全以自主方式航行，主要用于反潜、$C^4$ISR、通信中继等，典型代表有美国的“反潜持续跟踪无人水面艇”。

（3）按技术指标。美国海军根据艇的长度、航速、续航时间等技术指标将无人水面艇分为4类，即"X级""海港级""斯诺科勒级""舰队级"。①"X级"无人水面艇是艇长约3米或更小的非标准级USV，采用非标准模块建造，能够支持特种部队作战以及海上拦截作战任务。它的情报、侦察、监视能力较弱，续航时间只有数小时，仅搭载少量负载，适航性较差。

◎ 美国"斯巴达侦察兵"无人水面艇

◎ 美国“海狐”无人水面艇

◎ 德国“哨兵”无人水面艇

◎ 以色列“晃貂鱼”无人水面艇

◎ 英国“卫兵”无人水面艇

它一般由 11 米长的刚性充气艇或充气式作战侦察突击艇等小型载人艇进行布放。②“海港级”无人水面艇主要是在海军标准 7 米刚性充气艇基础上研制的，具有中等续航力，主要执行海上安全任务，情报监视与侦察能力较强，并装备了致命和非致命性武器。具有 7 米充气艇的标准接口，可由水面舰艇布放。③“通气管级”无人水面艇是一个 7 米的半潜式水面艇，在航行和海上作业时只有通气管露出水面，船体其余部分均在水下。相对于其他水面船体类型，这种作业模式可在 7 级海况下提供更为稳定的平台，航速 15 节，可连续航行 24 小时，主要执行反水雷和反潜任务。另外还可利用其较为隐蔽的外形支持特种作战任务。④“舰队级”无人水面艇的艇长 11 米左右，采用滑行或半滑行水面艇的艇型，在拖曳扫雷具时其航速 20 ~ 24 节，无拖曳时航速可达 32 ~ 35 节，标准续航时间为 48 小时。主要用于执行反潜战、水面战或电子战等任务，还支持有人驾驶。

◎ 反潜战持续跟踪无人水面艇（ACTUV）“海上猎手”号

# 三、独立担纲　扬名立万

在未来海战中，海上无人系统可凭借自身体积小、隐蔽性强等特点，完成侦察和搜索等多种任务，利用携载的传感器探测系统对敌水上水下目标进行搜捕、识别和跟踪，也可对敌方的侦察实施反侦察，还可作为母船/艇的舷外传感器进行区域搜索和侦察，以扩大母船/艇的搜索覆盖范围；还可遂行诱骗或干扰，无人潜航器可充当潜艇模拟器发出类似潜艇的噪声，使敌方误认为是潜艇在活动。总之，海上无人系统可承担的任务越来越多，已成为海上作战不可或缺的装备。

## 1. 发展潜航器的目的何在

下面我们来看无人潜航器的军事需求都有哪些，美国海军认为未来无人潜航器可在以下 9 个方面发挥重要作用，按重要程度排序，它们分别是情报监视与侦察、反水雷战、反潜战、检查与识别、海洋调查、通信/导航网络节点、有效

◎ 无人潜航器在执行情报监视与侦察任务

载荷运送、信息战、时敏目标打击等，为今后无人潜航器的发展明确了目标和方向。随后，美国国防部发布了《2007 – 2032 无人系统路线图》，提出了各种无人作战平台的任务领域，同时明确了无人潜航器的适用领域。此后又进行了多次修订，但潜航器的基本任务并没有大的变化。

（1）给潜艇增加新的“耳目”。我们常用“眼观六路耳听八方”来形容某人对周围事物的掌控能力，其实在海上作战更需要这种能力。在美国海军提出网络中心战概念后，情报监视与侦察任务在作战任务中的排序已经上升到很重要的位置，甚至攻击型核潜艇在未来的作战中也主要承担情报监视与侦察任务，而“以潜制潜”的传统反潜任务已经处于次要地位了。无人潜航器在执行情报监视与侦察任务时，利用搭载的传感器可以将侦察范围扩大到母艇无法进入的水域或冲突水域，具体的情报监视与侦察行动包括: ①在水面和水下长时间收集信号情报、电子情报、测量与特征情报、

◎ 反水雷型无人潜航器

图像情报、气象与水文情报等；②在水面和水下探测是否存在核、生、化、放射性物品或爆炸物，并确定其位置；③近监控岸与港口水域；④布放可部署的监视传感器或传感器阵列；⑤精细测绘及目标探测与定位。

（2）为水雷战新增排雷多面手。水雷是海战中一种廉价且生命力很强的武器，在未来很长时间内仍可发挥重要作用。因为布放水雷不但很简单，而且可以阻止或迟滞敌方舰艇的行动。对方舰艇要想通过雷区必须出动扫雷舰艇实施反水雷战排除这些“阻碍交通”的水雷。反水雷任务的目标是为保障舰艇的通行，快速开辟出安全的行动区域、通道或航线。战时敌方布设的雷区大小各不相同，其面积可能在100～900平方海里（1平方海里≈3.430平方千米）；其深度可能跨越各个水层；雷区的位置分布比较广泛，可能在深水区，也可能在海军陆战队登陆的滩头地带。反水雷任务应在7～10天或更短的时间内完成。而排除水雷是风险很大的作战行动。

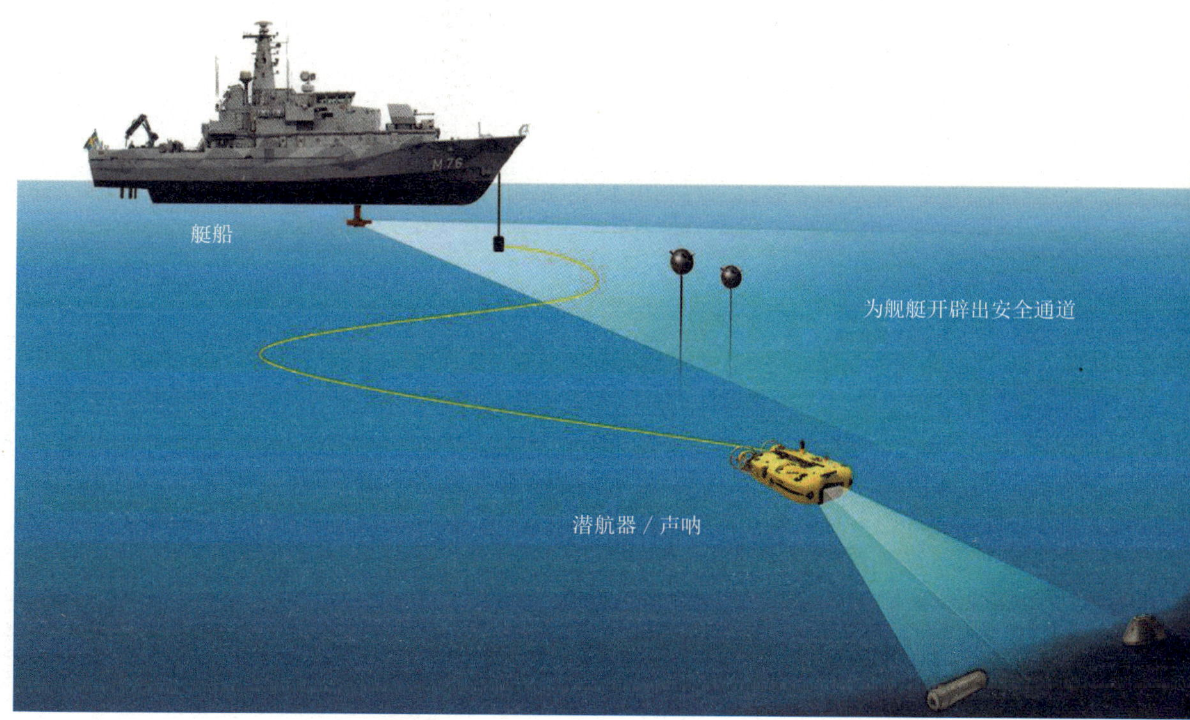


◎ 反水雷型无人潜航器

◎ 无人潜航器执行反潜任务

然而让无人潜航器替代士兵去完成这项艰巨的任务，情况就大不一样了。它可以神不知鬼不觉地在指定海域巡游，利用自身携带的传感器进行探测，一旦发现可疑物体，立即进行分类、识别，确定是水雷后，对其进行定位。接下来可以根据指令清除水雷，对不同类型的水雷可采取不同的方法，比如破坏水雷的关键部件，使其不能引爆，或放置小型炸药包摧毁水雷，或利用割刀切断锚雷的系留索，使其上浮。对有些水雷可拖曳到安全地带再予以处理。它还可以对水雷实施诱骗和干扰，对感应式水雷释放舰船模拟信号，使水雷误以为有舰船驶过提前引爆。

目前，在无人潜航器中，反水雷型无人潜航器的技术最为成熟。实际上，外国海军已经在反水雷实战中使用过无人潜航器，但在机械扫雷、对水雷实施电子干扰、欺骗水雷等方面仍有很多难题没有解决。扫除大面积雷区内的水雷对无人潜航器续航力的要求非常高。

（3）助力反潜作战。美国海军赋予无人潜航器的任务是“巡逻、侦

◎ 无人潜航器在近岸和浅水区执行海洋侦察任务

察、跟踪敌方潜艇，并通报其位置……”，现在还不包括攻击敌方潜艇。因为一旦无人潜航器“自作主张”击沉了对方的潜艇，冲突规模将不可控制，局面可能因意外失控而升级。按照美国海军的设想，在攻击型核潜艇或水面舰艇到达作战海域之前，或在不利于核潜艇行动的浅海作战时，会首先使用无人潜航器执行反潜任务。潜航器在执行反潜任务时，主要承担监控敌方潜艇进出港或主要水道；还可以为航母打击群或远征打击群清理出一个安全的作战区域，探明是否有敌方布设的水雷或其他障碍物等，以及是否有敌方潜艇在活动。

（4）派驻港口的“安检员”。目前，检查与识别任务一般由潜水员来完成，为保证潜水员的安全，在开始潜水行动前，必须首先保持舰艇的稳定。在潜水员进行水下搜索时，需要一定的时间才能完成，而且组成搜索小组、稳定舰艇以及与其他舰艇进行协调同样需要时间，因此由潜水员执行检查与识别任务将耗费大量时间。

◎ 遥控潜航器实时将数据传送给监控中心

◎ 无人潜航器接收来自水下平台的数据

港口安监的主要任务是检查船体和码头是否存在水雷和特种炸弹等危险物，防卫港口、反恐与部队防护等。另外还包括水下船体检查、舰艇管理与维修等日常活动。而使用无人潜航器，其传感器获得的数据一般是等到回收后再进行处理、分析。使用遥控潜航器则可以实时将数据传送给监控中心。

（5）海洋调查。无人潜航器可以在近岸和浅水区执行海洋侦察任务，而其母船则位于安全距离以外。无人潜航器可以实时地回传收集到的海洋数据，也可以将数据记录下来，等回到母船后再下载数据。无人潜航器的海洋调查任务包括：海底测绘、水深探测、声学成像调查、光学成像调查、海底地层勘测、海流特征和温盐等调查。

（6）增加网络节点。无人潜航器在战时应该能够充当通信 / 导航网络节点，其作用是为执行反潜战、反水雷和特种作战任务的各种平台提供现场通信中继与导航支援。充当网络节点的无人潜航器可以为执行任务（包

◎ 大型无人潜航器 proteus 在战时还可以隐蔽地为部队提供物资和支援

括潜水行动）的特种作战部队提供视距内的无线电通信、卫星通信以及声学通信。它们还可以支援岸上或水下的特种作战部队和爆炸物处理部队，与水下平台交换数据，也可以接收来自水下平台的数据。

（7）特种作战的水下“快递”。大型无人潜航器在战时还可隐蔽地为部队提供补给物资和支援，从而提高后勤的效能。主要是为特种作战部队和爆炸物处理分队运送给养物资；运送突击队的作战物资；另外还包括用于支持情报监视与侦察、反潜、水雷战、海洋调查、通信 / 导航网络节点或时敏目标打击等任务的传感器或平台，水雷战的灭雷装具等，它还可以预先将特战分队或水雷分队的装备送到指定地点。

（8）信息战的水下“黑客”。无人潜航器在信息战中可执行两种任务：一是将虚假数据注入敌方的通信网络或计算机网络，或采取行动瘫痪敌方的网络服务，使敌方平台无法访问其网络；二是在战时制造假潜艇目标，使敌人因惧怕潜艇威胁而放弃海上行动，或者配合较少的潜艇行动阻止敌方采取海上行动。此外，无人潜航器还可以通过分散敌人的反潜兵力来增强己方潜艇的安全性。

（9）打击时敏目标。战场上有的目标稍纵即逝，而且是比较重要的目标，一般称为时间敏感目标。执行时间敏感目标打击任务的无人潜航器应具备快速攻击的能力，其从传感器响应到发射装置发射的时间以秒计算而不是分钟。它还能降低己方高价值平台因使用攻击武器而暴露自身位置的风险，以免高价值平台受到攻击。

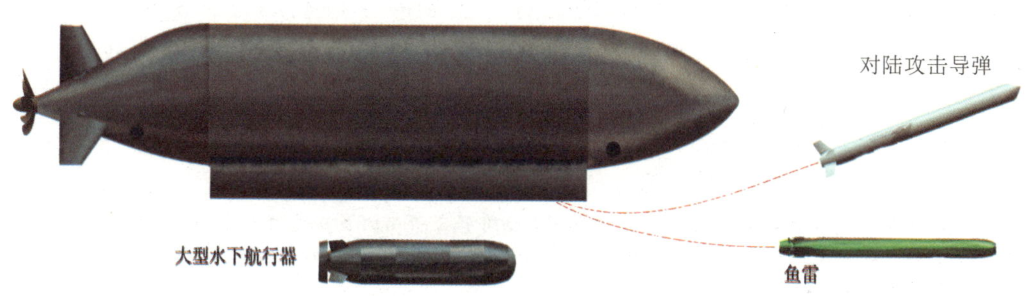


◎ 攻击型无人潜航器

## 2. 在新任务领域一展身手

鉴于自主潜航器的各项技术日益成熟，美国海军再次对自主潜航器的军事需求进行分析，并于 2016 年 2 月向国会提交了《2025 年自主潜航器需求》报告，提出了美国海军未来所需的自主潜航器，同时重新规划不同种类自主潜航器的未来任务，有些是新赋予的任务。

（1）海床战。美国海军认为潜在对手国家正在积极发展新技术和战术，以阻止美国水下力量的介入。潜在对手不仅大力投资发展反潜飞机、舰船、潜艇，而且为了探测、瞄准和攻击他国潜艇，还在投资研发未来将部署在海床的武器和传感器。为确保持续的水下优势和介入能力，美国海军决定发展能够应对“潜在对手”海床系统的作战能力，利用自主型潜航器“神不知鬼不觉”地致瘫、欺骗或摧毁敌对国家部署在海床的基础设施、反潜传感器与系统等军事目标。

（2）反自主潜航器战。由于潜在对手也在积极发展自主潜航器，并且能力水平逐渐接近美国。美国海军加大了研究潜航器水下攻防领域所需技术与战术的力度，并提出“以潜航器制潜航器”的战法，以应对潜在对手自主型潜航器的探测、侦察，以及如何应对敌方自主型潜航器攻击的方法。其方法包括通过在相关水域开展前沿作战或防御作战，进而影响作战环境，使潜在对手难以使用自主潜航器，同时又不影响美国海军的装备使用。

（3）电磁机动战。通过前沿介入，潜艇和自主潜航器将为电磁机动战（包括信息战）能力提供极大的优势。美国海军可利用自主潜航器执行情报监视与侦察任务，为美军提供敌方重要情报，确保对敌方作战

知识链接

“保护者”（Protector）无人水面艇

以色列拉斐尔武器发展局和航空防御系统公司联合研制的多用途无人水面艇。该艇技术成熟，具备较强的监视、识别和侦听能力，用于侦察、辨别和拦截敌舰、反恐、水雷战、电子战和精确打击等任务。

“保护者”采用模块化设计，采用9米和11米刚性充气艇作平台，可根据任务需要装载不同的任务模块。排水量4吨，采用喷水推进，航速超过30节，最大有效载荷1000千克。装

◎ 无人潜航器开展电子战 Blackwing

备导航雷达和“托普拉伊特”光学系统，后者为多任务传感器光电载荷系统，可在白天、夜晚以及各种不利的天气条件下，完成手动和自动昼/夜观测及目标指示。

艇上配备“微型台风”武器系统，是以拉斐尔武器发展局的“台风”遥控武器站为基础改进的，可使用12.7毫米机枪或40毫米榴弹发射器，配有全自动火控系统和昼夜用照相机，可由几十海里外的海岸控制站或海上指挥平台实施遥控指挥，昼夜执行作战任务。

能力进行有效评估，进而确定作战需求和作战规划。自主潜航器的可靠介入，同样可扩大美军的目标瞄准能力，并削弱敌方的态势感知和目标瞄准能力。

（4）欺骗战。由于潜在对手“反介入/区域拒止”能力的不断发展，使得美国海军介入所面临的挑战日益加剧，因此，控制潜在对手传感器所接收的信息变得尤为重要。美国海军可利用自主潜航器实施欺骗战，确保部分控制敌方在竞争性水域、空域的感知能力。

（5）非杀伤性海域控制。当前，在与水下、水面目标进行水下交战时，美国海军水下战能力往往仅局限于监视/报告或完全摧毁这两种方案。然而，在某些情况下，美国海军还需要采用非杀伤性方案对抗海上目标。自主潜航器的隐蔽特性可增强非杀伤性攻击的价值，非常适合执行这些任务。

◎“保护者”（Protector）无人水面艇

### 3. 无人水面艇的 7 种能力

美国海军在 2007 年 7 月发布的《无人水面舰艇总体规划》中指明了无人水面艇需要具备的 7 种能力，这 7 种能力与许多任务相关，包括反水雷、反潜、海上安全、水面战、特种作战支援、电子战和海上封锁作战支援等。其中每种任务对无人水面艇的性能都有一些特殊需求，但也有一些共性需求。

无人水面艇的关键能力之一是不同海情下的作战能力，而海情可对传感器和平台的性能有很大的影响。无人水面艇在海上航行还必须规避其他高速航行的船舶，而这些船舶的运动往往不可预知的，不同种类船舶的导航规则也不尽相同。这需要无人水面艇具备十分强大的感知能力和自动化程度非常高的导航与航路规划能力。

对无人水面艇的自主性的需求通常要满足以下两个要求：一是减少操作员的工作强度，保证一名操作员能控制多艘无人水面艇，二是能够完成通信系统作用范围之外的超视距任务。

◎ 美国无人水面艇

# 四、海战游戏 适者生存

武器装备是遂行战争的工具，虽然不是战争胜负的决定因素，但它是不可忽视的重要因素。海湾战争结束后，出现了“设计战争”“规划战争”的描述，其含义无外乎按照我方的设计推进战争的进程，以获取主动。过去是“有什么武器打什么仗”，出于无奈，遂行战争受制于现有的武器装备，多是有了某种武器装备之后，据此确定战法。而未来为了遂行“规划设计的战争”，正在过渡到“打什么仗造什么武器”，根据预先规划的战争和战法发展相应的武器装备。也有人用“基于能力”来形容这种装备发展思路，说白了就是“需要具备什么能力就发展什么装备”。

## 1. 小装备大背景

冷战结束后，美国海军失去了以往的作战对手，为此适时地将海军战略调整为“由海向陆”，装备发展重点也随之向对陆攻击和控制濒海的装备转变。另一方面，随着装备数量和部队员额的减少，为了继续维系同时打赢两场战争的能力，发展无人装备成为一种明智的选择。一时间海上无人系统的研发开始升温，投资力度也在不断加大，为海上无人系统的研发明确了军事需求，并提供了财力上的保障。

2010 年前后，随着伊拉克战争和反恐战争告一段落，中国超越日本成为世界第二大经济体后，美国开始将目光转向亚太，矛头指向中国，出于其维护霸权地位的需要，奥巴马政府抛出“亚太再平衡”战略，认为将来西太平洋地区将是未来冲突的多发地，并将成为主要战场。为此，美国开始在亚太地区加强海空兵力的部署，宣称要将 60% 的海空军兵力部署到亚太地区。与此同时，接连推出“空海一体化”（后改称“全球公域机动与联合介入作战”）“联合强行进入作战”“全球远征机动作战”等作战构想和概念，力求打赢未来可能发生的中美海上冲突。

2010 年 5 月，美国防部长盖茨在发表讲话时，正式提出了“空海一体战”的概念。其核心内容就是通过整合海空军战力，联合亚太地区盟友，共同遏制或击败潜在的区域性对手，针对中国的目的十分明确。但中国经过多年的潜心发展，有足够强大的防御力量阻止外敌入侵。美国海军的航母打击大队和攻击型核潜艇不敢冒险进入中国的近海作战。面对我国航空兵、水面舰艇、远程导弹不得不退避三舍，东海大陆架一直延伸到第一岛链附近，水深较浅，美国的攻击型核潜艇也难以靠近。因此，美国海军打算将原本由传统兵器完成的任务部分交给无人系统。

为了遏制中国崛起，限制中国海军进入太平洋，美国海军于 2015 年年初有针对性地提出了“分布式杀伤”作战概念，而美国海军现有兵力显然不足以与中国为敌。因此，一方面调整海军舰队兵力结构、改变海上作战样式，加强水面舰队反舰作战能力建设，另一方面发展颠覆性技术，创新作战平台，以应对新的威胁。

在装备建设方面，美国海军主要围绕 3 条主线展开，即以创新的革命性的作战理论、概念为牵引，加快以“海军一体化防空 - 火控”为代表的防空装备、以“水下网络”“先进水下武器系统”为代表的网络中心反潜装备、以“分布式杀伤”为代表的反舰装备，并以此构建新的装备体系，形成新的作战能力增长点。这背后都离不开无人作战平台的支撑。

### 2. 信息获取与应用

未来战争是信息化战争，这已成为各国的共识。信息化战争争夺的焦点将是信息，决定战争胜负关键并非装备体系的完备与否，而是对信息的准确把握和有效运用。在海战方面，夺取制海权至关重要，而获取制海权的基础是制信息权。谁掌握了作战空间的制信息权谁就掌握了战争的主动，而不再限于舰艇的吨位大小、导弹的射程远近。

20 世纪 90 年代后期，美国海军针对 21 世纪海战样式，提出了“网络中心战”概念，其核心思想是要把所有参战部队、作战平台、武器、各类系统全部融进一张无形网络中，并且所有的作战平台、武器全部作为网络中的节点，实时向网络提供信息，并高效地共享、利用这些信息。就好比我们现在熟知且离不开的互联网，大家共同建设维护网络，不断在网络上发布信息，与此同时，利用网络上的有效信息了解国外的大事小情、完成工作、学习新知识，真在做到了“秀才不出门，全知天下事”。经过几十年的建设，现在网络上各种信息应有尽有，人们获取信息的速度比纸质时代不知提高了多少倍，给我们的生活带来了无尽的便利。未来作战也将像使用互联网一样便捷，在网络上获取上级的命令、了解敌方的情况、把握己方部队的状态、感知战场情况等易如反掌，敲击键盘就唾手可得。

装备建设也从以往重点关注平台的物理性能转向注重网络能力。在美苏对抗时期，美国海军舰艇在设计阶段的优先序是电子设备、居住性、武备、推进装置，苏联海军的优先序是武备、推进装置、电子设备、居住性。而在今天，各国普遍将信息能力置于优先序的首位，信息装备的多少和优劣成为衡量舰船装备性能的重要指标。相比冷战时期，各国作战平台的建设速度和数量逐步放缓、减少，而各类信息获取、处理系统则凭借计算机和信息技术的快速发展像雨后春笋般地涌现。然而，海战场不同于地面和空中，在暗黑的水下各种信息的传播要比在空气中传播更加困难，而且因水介质的特性也非常不易获得。另外，有些海域传统作战平台不易到达，要想进入则要冒很大风险，因此需要发展新型装备去替代它们完成任务，这种需求催生了无人作战系统。

### 3.“事出有因”

美国人对“在战争中学习战争”的精神领会很深，运用得也挺好。20世纪 90 年代美国在中东打了几仗，每场局部战争结束后都在认真地反思，总结经验教训。在战争中美国海军虽然主要承担了对陆攻击任务，但他们发现海上无人系统将在未来海战中发挥巨大作用。其他国家也由此引发对未来战争的思考，加强装备建设，以备不时之需。推进无人装备发展的原因大概有这样几点。

（1）战争游戏规则因各个时期战争目的和支撑作战的装备的不同而始终在发生变化。过去以攻城略地为主要目的，获胜者成为统治者，战败国则割地赔款，昔日的海战模式是交战双方的舰艇在海上摆开阵势，凭借船坚炮利互射或互撞。二战后期海战主要是靠舰载机挂载炸弹或鱼雷攻击对方的舰艇。后来随着导弹的出现，倚重的武器变了，交战规则也随之变化。

双方舰艇互不相见，相隔百里互射导弹，击沉对方舰艇后，打道回府。显然这些战法不太适于未来海战，靠“蛮力”不如靠“巧劲”，如何能够出其不意，攻其不备呢？显然无人系统是首选。

（2）随着人类文明的进步，有人再挑起过于血腥的战争，连本国人民也不会赞同，而且战时征兵也是棘手问题，富裕的生活容易使人贪图安逸，厌倦从军，所以战争的设计者们开始挖空心思寻求一些特殊的兵器，以谋求出击于无影，杀敌于无形，尽量减少士兵的伤亡和附带杀伤，显然无人系统是最佳的“替代品”。

（3）各国海军在新形势下需要执行多样化作战任务，海军装备和兵员都出现缺口，装备结构也不适应未来作战的需要，急需补充新生力量，一些单调、危险的任务靠人去完成并不适合，显然无人系统可以弥补这些不足。

（4）随着军事转型的深化和技术的进步，未来海战参战装备需要网络化，所有装备、人和系统要构成网络，节点与节点间需要链接，而且信息化战争要求战场透明化，虽然原有装备可以通过信息化改造，增添新功能，但远不能达到要求。例如水下侦察、跨域的通信中继等，仅靠现有装备是不够的。显然无人系统可以填补这些空白。

由此可见，海军对海上无人系统的发展有强烈的军事需求，迫切需要无人系统早日与现有装备融合，优化装备结构，以适应未来海战的要求。鉴于此，各国海军开始将目光投向无人系统，积极研发无人潜航器和无人水面艇。人们认识到海上无人系统是未来海军的作战能力倍增器，以及它在战争中的作用、发展海上无人系统的重要性，并逐步将其融入原有的作战装备体系之中。

DOUBLE EAGLE
MKIIS

# 第2章

# 海上无人系统的任务领域

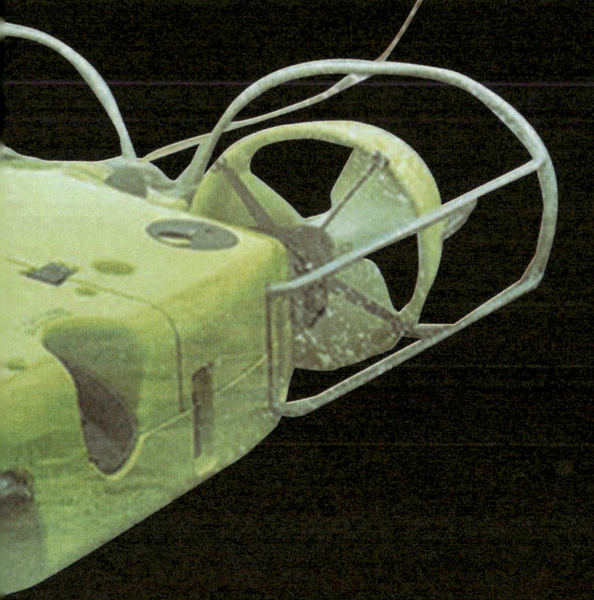

明天的战争形态是信息化战争，其典型特点是大量的无人装备、智能装备用于作战。在20世纪末爆发的几场局部战争中，各种无人装备崭露头角，显示出巨大的作用和发展潜力，所以近年来其发展势头十分强劲。军事大国不仅竞相发展了很多型号的无人机，而且投入巨资研发无人潜航器和无人水面艇用于海战，试图在未来海战中获得优势，用水下水上无人舰队帮助其继续控制海洋。与载人潜艇相比，无人潜航器可在高危险水域或潜艇无法到达的海域活动，替代载人潜艇或潜水员完成作战任务，它不仅造价相对低廉，效费比高，而且用途广泛，其多功能性、多任务执行能力是有人潜艇无法比拟的。未来，无人水面艇和无人潜航器利用携载的传感器、专用设备和攻击武器，可执行水下警戒与监视、侦察与搜索、干扰与诱骗、通信与导航、灭雷与反潜、海底调查与测量、时敏目标与远程攻击等任务。美国海军规划的无人水面艇任务领域主要有7个，按照优先级排列，分别是反水雷战、反潜作战、海上安全、水面作战、支持特种部队作战、电子战、支持海上拦截作战。

## 一、水下耳目 打探虚实

海上无人系统最基本的作用是在水面或水下执行情报监视与侦察任务。古人云："知彼知己，百战不殆。"古代行军打仗离不了情报，为了掌握敌军动向，通常是派出探马前去打探。人们常把看得远、听得远的人比喻为"千里眼""顺风耳"。后来人们为了能够看得更远、听得更清楚，发明了雷达、声呐、光电、红外等传感器。简单地说，海上作战无外乎三件事——装备、战术和情报。情报大致可分为：表示敌舰位置和运动要素的动态情报、敌方装备性能参数的技术情报、战场环境信息。海战场环境信息包括海岸线、岛礁位置、水深航道等相对变化较小的地理水文数据，更有复杂多变的海洋水体的温度、盐度、密度、海浪、潮汐、洋流信息，以及全球重力梯度、海洋磁场等信息。这些信息对于潜艇航渡、利用声呐等传感器进行探测、发射武器等都非常重要。

我国海军 372 号潜艇，在某次航行时遭遇海底断崖，用 3 分钟时间排除了百余项故障，最终成功脱险。由此可以看出对海水密度的把握是多么的重要。海洋有一个自然现象，海水跃层是上层密度大，下层密度小，形成负密度梯度跃变层，海水浮力由上至下急剧减小，也称为“海中断崖”。潜艇在水下航行时，如果进入海中断崖，会立即失去浮力，急剧掉向海底，常规潜艇的潜深一般为 300 米左右，掉到安全潜深以下，外壳会被巨大的海水压力破坏，导致艇毁人亡。二战后，各国海军潜艇在水下航行时常遇上海中断崖，能够安全脱险的寥寥无几。

例如，1963 年美国“长尾鲨”号核潜艇突然失踪，原来这艘“海底巨兽”不幸遇上了海底断崖，直接坠向了 3000 米深的海底。由于突然而致的巨大水压，使这艘潜艇被撕成碎片，140 名水兵无一生还；冷战期间，苏联 K142 号潜艇在 20 世纪 80 年代末神秘失踪，同样是遭遇了海底断崖，最终艇毁人亡。

从信息获取的角度看，虽然潜艇装备了声呐等探测手段，但水介质特性决定了其探测距离有限，而接近敌舰艇目标进行探测将进一步加大危险。因此，在高危地区或潜艇无法达到的地区由无人潜航器去完成搜索、探测任务是非常适合的。对目前的技术和作战需求而言，无人潜航器可担负的情报监视与侦察任务主要有以下几种：一是情报收集，包括信号情报、电子情报、测量与特征情报、图像情报、气象与水文情报等；二是核查水下是否存在核生化武器、放射性物体与爆炸物，一旦发现，确定其位置；三是监控近岸与港口的情况；四是布放探测设备，在指定海区部署监视传感器或传感器阵列；五是精细测绘，对未来作战海区的海底地形地貌进行勘测、探测各类目标并进行定位。

### 1. 无止境的情报收集任务

情报收集可分为持久性情报收集与战术情报收集。持久性情报收集强调情报收集系统能够根据需要在特定海域内进行长期的探测、定位、识别、跟踪和瞄准目标，并可提供战斗毁伤评估和近实时的重新瞄准目标。战术情报收集是制定并实施战术行动计划的基础，也是作战时要不间断地完成的任务之一。现代战争追求无缝的情报监视与侦察，所谓无缝就是不留死角，海上无人系统的广泛应用可弥补传统装备力所不能及的情报收集盲区。

因为海洋环境信息复杂多变，必须长期、立体、全面地观测，而且必须持续积累数据。美国海军规定执行战略情报收集任务的无人潜航器的值勤时间应能达到300小时以上，执行战术情报收集任务的无人潜航器的值勤时间应能达到100小时。因此，国外海军为了执行持久性监视任务而研制大型自主潜航器，为了执行战术情报监视与侦察而研制了体积较小、机动性较强的中小型自主潜航器。大型潜航器在续航力、速度和载荷运载能力等方面具有优势，能够搭载更多的传感器，并且自主性能力强。例如，美国采用燃料电池技术的“休金3000”大型无人潜航器的续航力可达数天之久，而从攻击型核潜艇释放的“近期水雷侦察系统”自主潜航器的续航力小于2天，较大一点的“海马”自主潜航器的续航力约为300小时。

电磁信号（包括光波）在水中会迅速衰减，因此自主潜航器需要将桅杆伸出水面才能执行上述任务。但传感器重量和自主潜航器的外形因素会限制桅杆露出水面的高度，而桅杆伸出的高度又直接关系到电磁波的传播距离，对收集信号情报、电子情报、测量与目标特征情报、图像情报的传感器的探测距离有很大影响。另一方面，暴露在海面的桅杆可能使自主潜航器容易被敌方探测并遭到攻击。当潜航器在港口或舰艇编队驻泊地执行任务时，或在重要区域（如军港）尤为突出。

自主潜航器为了完成情报监视与侦察任务需要搭载多种传感器，问题是潜航器可提供的空间十分有限，现在的重型潜航器的有效载荷空间也不过4~6立方英尺（1立方英尺≈0.0283立方米）。在这狭小的空间内要容纳传感器、桅杆、数据处理与存储设备、发射机等载荷，需要各种高度小

知识链接

“海洋滑翔机”（Seaglider）自主式潜航器

“海洋滑翔机”是美国华盛顿州立大学和iRobot公司联合开发的水下滑翔式自主潜航器。主要任务是收集海洋特性数据，利用收集的海水传导率、温度和深度（CTD）、浑浊度、流向、氧气浓度、粒子逆散射等数据计算出不同水深的声传播速度。

该型潜航器长1.8米、直径300毫米、翼展1米，自重52千克，航速0.25米/秒，最大工作潜深1000米，装备锂电池，自持力1~10个月。

型化的设备。另外，自主潜航器所能提供的电能和计算能力也非常有限，供传感器、处理器和发射机使用的电能可能不超过数百瓦，有限的电能会限制自主潜航器计算机的工作性能，可能使其工作性能下降到个人台式计算机和便携式计算机的水平。尤其是从潜艇释放的小型类鱼雷潜航器直径不超过 21 英寸（1 英寸 ≈2.54 厘米），要执行多种复杂情报监视与侦察任务，面临着严峻的技术挑战。

高质量完成多种情报信号的收集，对自主潜航器自主性和智能化程度都有较高的要求。比如在图像情报方面，现在的潜航器对舰船的判别还存在问题，如何从各种船舶中识别出军舰还有难度。但在人脸识别等技术日臻完善，并开始广泛应用的今天，这些技术在潜航器上应用无疑会提高其识别能力。要准确识别舰艇，潜航器还需将目标图像与舰艇外形数据库中的图像进行比对来确定它的类别和舰级。

情报监视与侦察任务的另一个难点是在海量的信息中抽取有用的信息，如果自主潜航器同时在收集信号情报、图像情报、电子情报、目标特征情报等，有多种语言、图像、视频等载体的情报要及时处理，既要及时传送关键情报，又要避免传递垃圾情报，以免降低无人潜航器的隐蔽性，浪费资源，必须在这两者之间形成适当的平衡。

情报传递的方式和时机也是需要折中处理的问题，一种方案是先将情报保存下来，按预定发报计划在预定时间发送出去，这样可以节约能量，但也可能导致该情报因时效性因素而失去价值；另一种方案是在预定时间之前将其发送出去，以确保情报使用部门能及时收到该情报，但这样做无人潜航器可能因过早耗尽能量而提前终止任务，甚至有可能会因暴露所在位置而被摧毁。

尾部有一根长长的天线，上浮到海面时，接收GPS的定位信息，回传数据并利用“铱”卫星遥测下载来自岸基指挥部的指令。这一过程仅仅持续几分钟，然后下潜。动力系统能够为其提供持续数月的能量，同时使其下潜至1000米深处。这种潜航器的布放和回收在一艘小艇上就可以进行，且仅需要 2 个人，或者在大型舰艇的船舷也可以进行布放和回收。

在收集海洋情报方面，自主潜航器具有很大优势。现在，水下滑翔机执行任务的时间已经达到一年左右，有的甚至达到数年，能够长时间收集战略性水文情报。同时使用多部水下滑翔机执行战术性海洋情报收集任务，不仅可以收集到更多的近实时海洋情报，而且可以提高海洋情报的质量。无人潜航器具备在敌对水域执行海洋情报任务的能力并已经得到验证。美国海军海洋局采购了150部“斯洛克姆”廉价水下滑翔机进行海洋学取样调查，充分说明了水下滑翔机执行海洋情报任务的可用性。

许多海洋学研究传感器都已经十分成熟，例如电导率传感器（实际上是一种盐度传感器）、温度传感器与深度传感器等很容易在市场上购买到。海洋研究传感器可在没有人工干预的情况下连续工作数月之久，这一点已经在实践中得到证实。小型水下滑翔机可批量生产，因此价格比较低廉；

◎ 水下滑翔机

而太阳能水下滑翔机在长期海洋信息收集方面则具备巨大的潜能，这一点即将得到证实。从战略角度看，海洋是一个存在许多未知因素的战场；从战术角度看，掌握更详细的海洋数据将在反潜战中处于优势地位。根据目前的分析，水下滑翔机在执行海洋调查任务方面面临的最大问题是无法应对涌流和旋涡。从实用的角度讲，尺寸介于小型水下滑翔机和自由级水下滑翔机之间的中等大小的水下滑翔机航速更高，应对涌流和旋涡的能力更强，在执行海洋调查任务方面更具优势。

### 2. 核生化、放射性与爆炸物探测和定位

核生化、放射性与爆炸物探测与定位任务是潜航器的另一项重要任务。大型光谱仪的深度补偿等技术问题已经解决，配备大型专用光谱仪的自主潜航器能识别简单的化合物，具备探测化学污染的能力。执行这种任务的无人潜航器可以自主探测多种化合物，并且在探测到化学污染后能立即确定污染物位置。

放射性物质不仅会威胁到在海上执行任务的舰员，在沿岸地区，还会危及周边居民的生命安全。检查舰艇和船舶上是否存有放射物质时，检测人员需要穿戴笨重的防护服，行动很不方便。潜水员可以探测到放置在舰艇底部的放射物，但如果放射物放置在水线以上，那么潜水员将很难探测到它们。潜水员携带的放射物探测器的灵敏度通常较低，而放射物的辐射强度会随着与探测器距离的增大而减弱，所以潜水员需要长时间在水下作业。在水温很低的极端环境下，潜水员不可能长时间在水下执行任务，但使用无人潜航器替代潜水员检查疑似载有放射物的舰艇和船舶则可以解决这一问题。无人潜航器不惧放射性物质，只要携带的能源可以支持，那么它可以长时间在水下执行检测任务，最大限度地减轻潜水员的劳动强度和危险。

遥测与红外通讯

GPS，用于到水面时获得浮点定位

把数据传送回基地，并下载新的指令

10米

淹没时利用 3 轴罗盘航力传感器和气压仪计

300米

水下滑翔机潜水到最大深度 1000 米收集各种海洋据

700米

1000米

◎ 水下滑翔机原理图

知识链接

### “海洋滑翔机”（Seaglider）自主式潜航器

“海洋滑翔机”是美国华盛顿州立大学和iRobot公司联合开发的水下滑翔式自主潜航器。主要任务是收集海洋特性数据，利用收集的海水传导率、温度和深度（CTD）、浑浊度、流向、氧气浓度、粒子逆散射等数据计算出不同水深的声传播速度。

该型潜航器长1.8米、直径300毫米、翼展1米，自重52千克，航速0.25米/秒，最大工作潜深1000米，装备锂电池，自持力1~10个月。

◎ “海洋滑翔机”自主式潜航器

尾部有一根长长的天线，上浮到海面时，接收GPS的定位信息，回传数据并利用“铱”卫星遥测下载来自岸基指挥部的指令。这一过程仅仅持续几分钟，然后下潜。动力系统能够为其提供持续数月的能量，同时使其下潜至1000米深处。这种潜航器的布放和回收在一艘小艇上就可以进行，且仅需要2个人，或者在大型舰艇的船舷也可以进行布放和回收。

### 3. 监控近岸与港口

封锁作战是海军常用的战术之一，过去多是利用水雷实施港口和要道封锁，主要做法是在敌方港口或必经水道布设水雷。问题是用水面舰艇布雷，目标大，容易被敌方察觉；用潜艇和飞机布雷成本高，且一次可布放的水雷数量有限。未来大型潜航器可以替代传统的布雷方式，潜航器携带攻击武器从远处秘密潜航到指定地点，然后利用自身携带的传感器对过往的舰艇和船舶进行监控，一旦发现目标特性与要攻击的潜艇或水面舰艇相似，即可用鱼雷或水雷实施攻击。

体积较小的无人潜航器或便携式无人潜航器还可以支援海军陆战队或特种作战部队的登陆作战行动。无人潜航器可在近岸与港口附近执行监控任务，为登陆或撤离的作战部队提供支援。部队在行动前，可预先布放无人潜航器，其目的和作用大致有三种：确定敌方监视兵力最薄弱的区域；向特种作战部队发出预警，避免被敌方发现；当特种作战部队在内陆执行

◎ 便携式无人潜航器

任务时，监视补给与装备的存放区域。无人潜航器虽不能阻止敌人破坏这些物资，但能及时向特种作战部队发出警告。

### 4. 布放探测设备

美国海军为了加强对近海的监视能力和反潜作战能力，在冷战后研制了多型水下监视系统，如固定式分布系统（FDS）和先进可部署系统（ADS）等，以拓展对战区水下的监视能力。先进可部署系统是美国海军新研制的濒海战斗舰反潜任务包中的主要探测装备之一，由分布式传感器组成，这些传感器能快速而隐蔽地部署到作战海区，可用于反潜和近海作战支援。该系统在使用时使用自主潜航器布设水下传感器阵列。这种水下监视系统能够探测和跟踪柴电潜艇、核潜艇、水面舰艇，以及监视敌方的布雷行动。

高级分布式系统的敷设十分方便灵活，适用于各种不同的海战场，既可在大面积海域使用，又可在一条简单的障碍线上使用。单个高级分布式系统的扫描场由四个并排的独立音响阵列组成，这些音响阵列共用一个通信浮标，与视距内的各种反潜装备建立连接。每个音响阵列都通过一个装载自主潜航器的阵列设备单元来布放，阵列设备单元实际是一个配送器运输平台（DTV）。音响阵列以螺旋方式装载在配送器运输平台内，在布放时尾部会首先从配送器运输平台底部缓慢地伸出。配送器运输平台是一种简单的一次性自主潜航器，其续航力足以满足布放音响阵列的需求。配送器运输平台可使用罗盘调整自己的航行方向，并将音响阵列布放在预定的方位线上。

### 5. 精细测绘

数十年来，精细测绘及目标探测与定位任务主要由潜水员和潜艇来承担。这种任务的目的是识别武器、失事船舶和残骸，现在可由无人潜航器来接替。1974 年，美国曾使用潜艇打捞一艘苏联“高尔夫级”弹道导弹潜艇的残骸。

1986 年，美国的“挑战者”号航天飞机在爆炸后坠入海底，美国使

◎ 便携式无人潜航器

用 NR-1 型载人深水潜艇对失事海底进行了测绘，并打捞了部分残骸。

1991 年在“沙漠风暴”行动中，美国曾在沙特阿拉伯海域朱拜勒

◎ 水下监视系统

港内打捞出坠入水底的“飞毛腿”导弹。美国还打捞过至少 3 架因事故坠入海中的 F-14“雄猫”战斗机的残骸。

2000 年，美国阿拉斯加航空公司 261 号班机在加利福尼亚海岸附近发生坠机事故，在飞机残骸的打捞行动中，精细测绘及目标探测与定位发挥了重要作用（搜索黑匣子和其他重要部件）。

2008 年上半年，2 架 F-15 战斗机在墨西哥湾坠毁，精细测绘及目标探测与定位同样在残骸搜索中发挥了重要作用。总之，无论在军事领域还是在非军事领域，这种任务需求都很多。

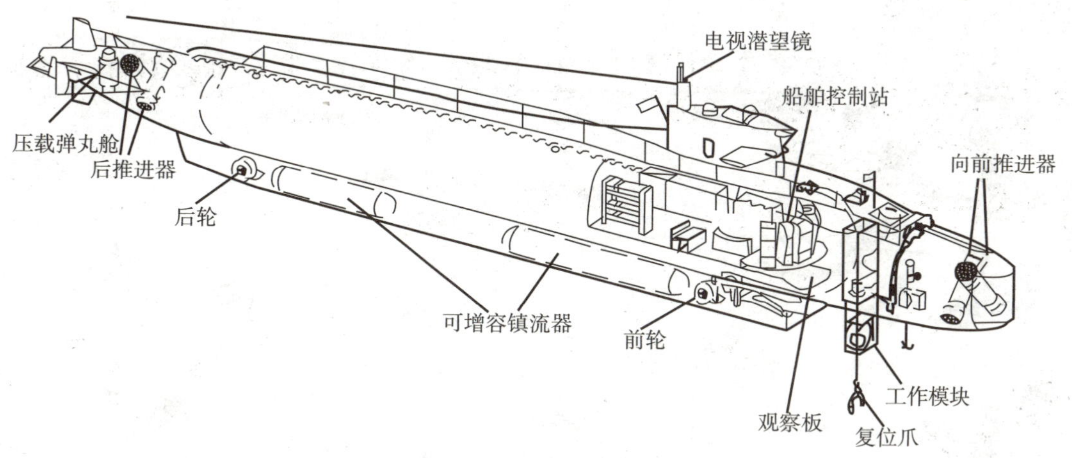


◎ NR-1 型载人深水潜艇构造图

◎ NR-1 型载人深水潜艇
（美国的“挑战者”号航天飞机在爆炸后坠入海底，美国使用 NR-1 型载人深水潜艇对失事海底进行了测绘，并打捞了部分残骸）

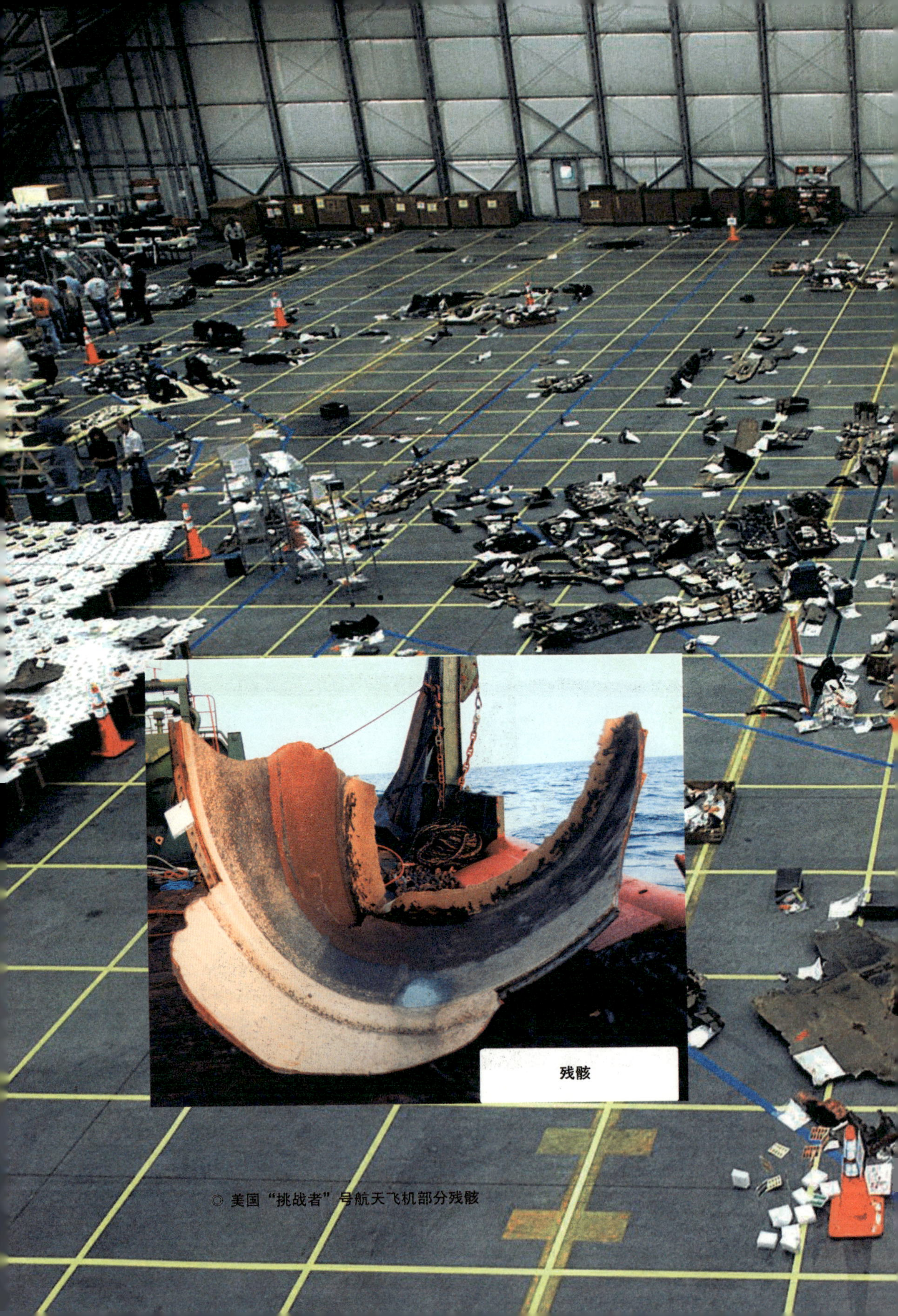


◎ 美国“挑战者”号航天飞机部分残骸

## 二、另辟蹊径 清扫雷障

水雷是一种价格低廉、威力巨大、布放简便、不易被发现和清除、使用灵活、在水中爆炸摧毁舰船的武器。由于水的密度远大于空气，所以爆炸后形成的冲击波对舰船和潜艇有巨大的破坏作用。虽然水雷是一种古老的海战兵器，但在今天它仍具有不可低估的作用。水雷繁衍至今已经形成了一个庞大的家族，水雷种类很多，按布设后在水中状态区分，有漂雷、锚雷、沉底雷三种；按触发机理，可分为磁性水雷、音响水雷、水压水雷等。随着技术的进步，智能水雷已在一些国家海军服役。

### 1. 惨遭厄运的水面战舰

历史上，利用廉价水雷换取丰硕战果的例子不胜枚举，再先进的舰艇在它面前也要退避三舍。海湾战争中伊拉克军队唯一能对美国构成威胁并

◎ 智能水雷

取得战果的就是水雷。在海湾战争期间，美国海军就有过 2 艘大型舰艇被伊拉克水雷重创的事件。美国的航母战斗群可控制方圆百里的海面，打击纵深千里的内陆目标，但缺少专业的水雷战舰艇，对小小水雷却无可奈何。所以在战争期间，美国海军派出改装的“塔拉瓦级”“特里波利”号两栖攻击舰作为美英联合反水雷部队的旗舰，指挥水雷战部队在波斯湾北部海域执行扫雷任务。由于多国部队没有足够的扫雷舰艇，多是依靠 MH-53 直升机拖曳扫雷具进行扫雷。“特里波利”号自身没有猎扫雷装备，只能靠舰员利用望远镜进行目视搜索，百密一疏，厄运终于降临到“特里波利”号头上。因瞭望员的疏忽，一枚伊军布放的水雷神不知鬼不觉地撞上“特里波利”号。随着一声巨响，船体被炸开了一个 4.8 米 ×7.5 米的裂口。数小时后，约 16 千米之外，美国海军一艘刚服役的“宙斯盾”巡洋舰“普林斯顿”号也撞上水雷，严重受损。在其龙骨下方 2 枚普通的感应水雷被引爆，船体舯部被炸裂，一个推进器严重受损。事后调查发现，重创“特里波利”号的是苏联生产的 M1903 型老式锚雷，装药 300 磅（1 磅 ≈0.454 千克），造价大约 7500 美元，而美国海军修船却花了 2.8 亿美元。

### 2. 发展建制水雷战能力

汲取被水雷攻击的惨痛教训，美国海军决定加强水雷战能力建设，由于美国海军更多的是远离本土在海外作战，而水雷战舰艇因航速低，无法跟随航母和两栖编队进行远洋作战，所以选择了建制水雷战能力，即通过在作战舰艇或直升机上加装探雷和猎扫雷装备，使之具备水雷战能力。同时，美国海军对反水雷作战方式进行了改进，对水雷战装备体系进行了调整。在装备建设方面，美国海军投入了大量精力和财力发展反水雷无人潜航器，开始在水面战斗舰艇和潜艇上大量装备无人潜航器，以减少对专业水雷战舰艇的依赖，由作战舰艇自己完成水雷探测、分类、识别与清除等任务。

为了提高反水雷作战效率，美国海军在反水雷行动中开始联合使用各种舰艇、传感器、航空系统和海上系统。实践证明，无人潜航器具备海洋侦察能力，可在水雷战和反水雷战中发挥重要作用。现有的无人潜航器和

◎ 无人潜航器完成水雷探测、分类、识别与清除等任务

无人水面艇都具备较高的续航力（数小时到数天），并能搭载现有的水雷探测系统、水雷分类与识别的传感器、支援设备和指挥控制设备。

反水雷无人潜航器起步早、技术成熟，许多国家的水雷战舰艇上都装备了形状各异、性能不同的无人潜航器，反水雷作战任务可能将越来越多地依靠无人系统。美国海军已经很长时间没有专业水雷战舰艇的发展计划，未来主要靠水面舰艇和潜艇的建制水雷战装备完成扫雷任务。欧洲国家和日本由于地理位置和作战需求等原因，以及反水雷作战概念的不同，还在不断研制新型水雷战舰艇。但也不约而同地在积极发展海上无人系统，以减轻舰员在扫雷时所冒的风险。当然，无人潜航器也不是万能的，并不能独立完成所有水雷战任务。目前还是作为水面舰艇或潜艇的负载，在人工干预下完成某些扫雷工作。

早期的扫雷模式是扫雷舰艇直接驶入雷区，拖曳扫雷具进行清扫，危险性极高，有些水雷还需潜水员冒着生命危险潜入水下排除。后来研制成猎雷声呐和遥控灭雷具，猎雷舰艇可以利用猎雷声呐探测水雷，发现水雷后，释放遥控灭雷具去排雷，但猎雷声呐的工作距离有限，猎雷舰艇仍需靠近可疑目标进行探测，风险依然存在。现在有了无人潜航器，水雷战舰艇可以停泊在雷区以外，由无人潜航器进入雷区完成探测和清扫任务。早期的反水雷潜航器还不能准确识别水雷或对水雷进行搜索、分类、测绘，因此需要使用多个平台或系统联合实施扫雷。

使用无人潜航器执行反水雷任务存在的问题是：无人潜航器执行任务还需要使用有人平台运载，任务期间需要人工干预。在扫雷时，无人潜航器与母船之间需要保持通信，以便实时控制并根据其传回的信息做出正确的反应。虽然反水雷任务对战场适应性的需求较低，但无人潜航器在情报监视与侦察任务中存在的诸多作战风险和技术风险在反水雷任务中同样存在。在执行秘密反水雷任务时，无人潜航器可能暴露作战目的和突击方向也是一个问题。无人潜航器在确定水雷种类和水雷识别方面的技术还有待进一步提高，特别是在有干扰物（非水雷的海底物）存在的情况下，做出误判的可能性较大。

值得一提的是英国 BAE 公司研制的“泰利斯曼”无人潜航器。它是首型可以携带攻击性武器的潜航器，并且是首型集成全部反水雷任务的自主型潜航器，包括对水雷的探测、定位、分类和灭雷等。“泰利斯曼”系统由潜航器本身、一个开放式结构的控制系统、一个遥控台、通信模块、软件以及支持设备组成。系统重 1800 千克，长约 4.7 米，宽约 2.25 米，外形独特，壳体由多个合成纤维平板组成，这种结构用于分散主动声呐发出的声波，从而减小目标回波强度。通过 6 个矢量推进器（两舷前部各装 1 部推进器，尾部安装双联推进器）来控制运动速度和姿态，具有提供零速度悬浮的能力，可做垂直运动，能在其自身长度范围内旋转和倒退航行。为了实现全自主操作，所有任务参数都可在出发前预先设定，但在整个任务过程中允许操作员干预。在水面航行时，航行器之间以及航行器与母船之间可通过 WIFI 数据链或铱星（铱星系统：美国摩托罗拉公司设计的全球移动通讯系统）保持联系，水下作业时可通过水声通信链系统完成通信。“泰利斯曼”可以携带超过 500 千克的有效载荷，标配有一套海洋调查设备，另外还可装猎雷声呐、可部署的传感器（光学传感器、视频摄像机等）、一个探雷 UUV 和“射手鱼”一次性灭雷具等。

2017 年 10 月，美国海军与波音、洛克希德·马丁两家公司分别签署了“虎鲸”超大型水下无人潜航器的设计合同。美国海军的技术要求是发展一种可重新配置有效载荷舱的多用途水下无人潜航器，有效载荷舱至少达 9.2 立方米，航程至少要达 2000 海里，可以远程执行隐蔽布雷任务，并且可对敌方舰队或沿岸设施进行侦察，装备收集电子信息情报的侦测天线，同时它还能攻击敌方水面舰艇，或是与潜艇协同作战，监视敌潜艇的行动，或是作为诱饵，诱骗敌潜艇实施攻击。

### 3. 雌雄双剑联袂排雷

美国兰德公司在一份名为《美国海军无人水面艇（USV）使用方案》的研究报告中对无人水面艇在水雷战中的作战使用进行了详细分析，结论是无人水面艇在以下 7 个方面可以支持水雷战任务，分别是水雷对抗战场空间情报准备（MCM IPB）、二次猎雷和排雷、自主猎雷和排雷、机械扫雷和收雷、感应扫雷、雷场检验以及布雷。

◎ 英国 BAE 公司研制的“泰利斯曼”无人潜航器

（1）水雷对抗战场空间情报准备（MCM IPB）。其主要任务是在平时利用声呐等手段在水中进行测量，并记录水下状态和所遇物体的特征。在战时，执行反水雷任务的舰艇，包括水面战斗舰艇和水雷战舰艇，发现可疑目标或新出现的物体后，能够快速与数据库中的信息比对，从而确定该可疑物或新出现的物体是否就是水雷。MCM IPB 还能提供数据，帮助规划猎扫雷任务，其中一种方法是从舰船或码头投放无人水面艇，利用拖曳声呐系统搜索水下目标，捕获图像信息，然后回到出发地点，回收声呐系统和下载获得的数据。

利用无人水面艇执行信息收集任务的最大优势是可在敌对环境中减少有人平台的风险，半潜式无人水面艇隐身性更好，不易被敌方发现。此外，在使用拖曳式声呐系统探雷方面，与现役水面战斗舰艇和直升机相比，利用无人水面艇执行反水雷任务所需费用低、设备少。

（2）二次猎雷和排雷。二次猎雷和排雷是指将清除水雷分为猎雷和排雷两个阶段。在猎雷阶段，充当“猎手”的无人水面艇从舰船或码头出发，释放拖曳式声呐，到达指定水域后开始收集图像数据，回收后由水雷

◎ 美国海军的“虎鲸”超大型水下无人潜航器

战专业人员对数据进行分析，判断是否有水雷。在排雷阶段，充当“排雷手”的无人水面艇再次到达相关水域进行探测，必要时可以放出无人潜航器或遥控船来确定是否有水雷，如果确认则将其引爆。

（3）自主猎雷和排雷。与上述任务一样，分猎雷和排雷两个阶段，不同的是“猎手”和“排雷手”同时从母船或码头出发，装备拖曳式声呐

知识链接

“泰利斯曼”（Talisman）多功能无人潜航器

“泰利斯曼”是英国研制的一型多功能无人潜航器，主要用于近海作战。外形采用独特的“菱形”总体布局，任务系统软件可以被快速地重新配置。所有的任务参数都能在其被投放前的极短时间内预置，并在其任务执行过程中允许控制者进行更改，从而使得“泰利斯曼”具备不同的作战能力。

“泰利斯曼”长4.7米、宽2.25米、高1.1米，自重1800千克，工作潜深3~300米，最大航速5节，自持力12~24小时（取决于能源）、有效载荷重量超过500千克，动力系统使用电

的“猎手”在前，“排雷手”在后。当“猎手”探测到可以物体时，艇上处理系统快速分析出“疑似水雷”，并将该物体位置传输给附近的“排雷手”。“排雷手”通过无人潜航器或遥控船对“疑似水雷”进行确认，并将其排除。在水雷密集区域，一个“猎雷手”可以配备多个“排雷手”。

（4）机械扫雷和收雷。机械扫雷和收雷主要用于对抗锚雷，即系留在锚上的浮雷。像前述任务一样，该任务也分为两个阶段：在扫雷阶段，一艘“排雷手”携带扫雷装置，钩住并割断锚雷系留绳索；在收雷阶段，两艘“收雷手”拖拽着一张网，将割断系留绳索的水雷收到网中。按照美国海军的作战条令，水面舰艇只执行扫雷任务，排雷由直升机完成。

（5）感应扫雷。感应扫雷是指以无人水面艇作为拖曳平台，利用拖带的扫雷装置完成扫雷的一种作战模式。该扫雷装置通过发出声、磁或其他舰船特征信号，使感应水雷误认为是一艘舰船驶过，从而引爆。

## 三、以小博大　抗衡潜艇

反潜战是海上作战中动用兵力种类最多、最为复杂的作战，使用单一装备在海上进行反潜作战几乎是没有效果的。强国海军为了有效实施反潜战，提升反潜效果均构建了由天基、空中、水面、水下系统组成的立体反潜装备体系，依靠多维空间部署的装备协同实施反潜作战。过去的反潜作战多是出动大批驱护舰和直升机、反潜巡逻机在威胁海域进行不间断的巡逻，美国航母战斗群航渡和作战时也是利用反潜驱逐舰、固定翼反潜机和

池加内燃机的混合动力模式。电池采用的是SAFE公司的锂离子蓄电池，在潜航时提供24小时的动力。另外装有 2 冲程 3 马力（1马力≈0.735千瓦）的小型内燃机，在水面航行时可提供持续几天的动力，同时为电池充电。该潜航器有多个改进型，“泰利斯曼M”主要用于扫雷作业，可携带4枚“射水鱼”一次性灭雷具进行灭雷作业，是世界上第一艘攻击型多用途无人潜航器；“泰利斯曼I”用于情报监视与侦察系统；“泰利斯曼HM”用于海洋特性数据收集；“泰利斯曼ASW”用于反潜战；“泰利斯曼SF”用于特种作战；“泰利斯曼L”用于近海作战等。

◎ “近期水雷侦察系统”（NMRS）重型遥控式潜航器 AN/BLQ-11

知识链接

## “近期水雷侦察系统”（NMRS）遥控式潜航器

“近期水雷侦察系统”是美国海军和诺斯罗普·格鲁曼公司研制的重型遥控式无人潜航器。装备“洛杉矶级”攻击型核潜艇，用于在近海水域执行隐蔽探测水雷。直径0.53米，长5.23米（加上布放和回收装置，长6.43米），航速4~6节，自持力5小时（4~6节时），工作深度12米，装备前视主动声呐和侧扫声呐等有效载荷。它由光纤电缆控制，能够对近海水域进行勘测，对类似水雷目标进行定位和分类，使潜艇作战指挥员快速评估所在战区布放水雷的概率，制定后续应对策略。

直升机、攻击型核潜艇等兵力构成多层防御圈，时刻准备实施反潜作战。一旦发现敌方潜艇立即进行围堵或驱赶。

冷战结束后，各国都大幅削减了海军装备，美国海军认为在远海的潜艇威胁基本消除，其他国家也因为兵力削减难以维系日常不间断的巡逻。而许多任务还要去完成，其中一个解决之策就是将过去由载人反潜平台承担的任务交由无人平台去完成。因此，各国海军都在试图利用无人潜航器和无人水面艇充实、提升反潜能力，部分替代传统反潜兵力执行反潜巡逻、战术侦察等任务。除了美国海军正在研制的“先进水下武器系统”以外，现役无人潜航器还不具备直接使用武器攻击潜艇的能力。将来使用无人潜航器攻击潜艇是可行的，但存在的风险是无人系统自主实施攻击可能导致冲突升级，使局面不可控。

### 1. 水面出击　快速追踪

无人潜航器的优势是体积小、重量轻，不易被敌方发现，生存能力强；隐蔽性好、机动灵活，能以一定航速和机动性秘密航行到目标区域执行预定任务；可自组网，实时监控水下动态，布设一次性的水下传感器阵列，长时间对预定海域进行警戒，发现敌方潜艇或武器来袭时，可立即向己方编队发出预警信号。

在反潜探测和跟踪方面，无人水面艇似乎比无人潜航器更具优势，因其航速高，一旦发现目标可快速抵达目标区，而且未来还能与无人机协同

#### AN/WLD-1遥控猎雷无人水面艇

AN/WLD-1遥控猎雷系统（RMS）是美国海军装备的半潜式反水雷无人水面艇。装备水面战斗舰艇和濒海战斗舰，由洛克希德·马丁公司研制。采取半潜式设计，主体在水下，航行时受风浪的影响较小，因而具有很好稳定性，同时不易被敌方雷达探测到。艇长7米，采用柴油机驱动，最大功率370马力，航速16节以上，最大航程700千米，自持力20~40小时。该系统装有GPS导航装置，可携载、拖曳AN/AQS-20声呐，用于探测、识别、定位锚雷和沉底雷。前部装有前视声呐，用于水雷探测和规避水下障碍物。

作战，对潜艇的威胁更大。无人水面艇装备指挥和控制系统、声呐等探测任务模块，包括单基地声呐或拖曳阵声呐、吊放式声呐、声呐浮标以及其他声学设备等。美国海军的濒海战斗舰上的反潜任务包不仅有无人潜航器还有无人水面艇。无人水面艇在海上防御、通道保护、港口监视，以及保护水面舰艇编队等方面的反潜任务中可发挥重要作用。反潜型“斯巴达侦察兵”无人水面艇不仅装备于美国的濒海战斗舰，还装备于法国和意大利联合研制的 FREMM 级多功能护卫舰。

### 2. 隐蔽跟踪 封控航道

无人潜航器在反潜战中的作用有以下几个方面：第一，隐蔽监视、可以作为舷外传感器，在水面舰艇或其他人周边进行区域性搜索和侦察，或是隐蔽潜航到敌方港口或水面舰艇、潜艇活动海域，进行水下监视和跟踪，收集情报。第二，封控要地、大型无人潜航器还可携带攻击性武器，在敌方重要港口、航道附近对敌方潜艇实施封锁或攻击。第三，保驾护航、在航母或两栖编队航渡或停泊时，清理并保持安全区，使其不受敌方潜艇的

◎ AN/WLD-1 遥控猎雷系统

威胁。第四，信息作战。安全作为水下网络的节点，充当己方潜艇的通信中继站，使潜艇不再为收发信而上浮，从而提高潜艇的隐蔽性。

（1）在水下隐蔽监视方面：对无人潜航器的能力需求是，巡逻范围为5~50海里，航速3~12节。假设无人潜航器以3~12节的航速在5~50海里宽的海域使用简单的阻拦性巡逻模式执行任务，同时假设目标的离港速度为5节，那么最佳情况下无人潜航器可以在距离目标0.25海里时探测到目标并确定目标的类型。国外的试验结果表明：无人潜航器以12节的航速在5海里宽的海域进行阻拦性巡逻，此时目标探测概率不足30%；如果巡逻范围增大，探测效果则会降低；若无人潜航器以3节的航速在50海里宽的海域进行阻拦性巡逻，则目标探测概率将降低到1%。

（2）在保驾护航方面：无人潜航器表面看上去并不适合在航母或两栖编队航渡时执行反潜任务，清理航道上的障碍。众所周知，有些潜艇装备的潜射反舰导弹和鱼雷的有效射程都在10海里和100海里以上，所以潜艇可以使用反舰导弹远程攻击航渡中的航母或两栖编队，航母和两栖编队在停泊或在作战海域行动时同样面临这种攻击的危险。因此，需要其他装

◎ 反潜型“斯巴达侦察兵”无人水面艇

备执行护卫任务，要求无人潜航器能够将敌方潜艇阻拦在其导弹的最大有效射程之外，从而保护己方编队的高价值目标免受远程攻击。由此可见，最佳方法是快速部署分布式传感器系统，由于航母和两栖战舰一旦遭到攻击很快就会丧失战斗力，严重时甚至可能会沉没，所以传感器系统的部署速度比隐蔽性更重要，很多时候不必考虑隐蔽部署传感器系统，而是要争分夺秒。为了有效地防御敌方潜艇的攻击，需要快速确定敌方潜艇的位置，并在其发起攻击前首先实施攻击。

（3）从实用的角度看：航渡时的反潜任务需要无人潜航器的反潜搜索速度达到 300 平方海里 / 时以上。如果需要对预定航线两侧各 10 海里的区域进行反潜搜索，那么整个反潜搜索区域的正面宽度将达到 20 海里。无人潜航器需要在编队正面沿预定航线进行往复反潜搜索，其航速应与编队的航速相同（约 15 节），以 15 节的速度对宽度为 20 海里的区域进行反潜搜索，要求搜索速率达到 300 平方海里 / 时。假设无人潜航器的航速能达到 12 节，且反潜搜索宽度可达 0.5 海里，那么单部无人潜航器的搜索速率最大也不过 6 平方海里 / 时，这就需要同时使用 50 多部无人潜航器，才能使反潜搜索总速率达到 300 平方海里 / 时。如果无人潜航器需要补给燃料或进行维护，那么需要的数量将更多。为使无人潜航器能跟上编队的航速，必须将它们部署在与编队拉开一定距离的前方位置，当编队追上它们时，应将它们回收到母船（艇），并重新部署到与编队拉开一定距离的前方位置。也就是说，1~2 部无人潜航器的反潜搜索速率还达不到需求的 1%。

（4）从信息作战方面看：无人潜航器执行反潜任务还有一个问题就是它的声学信号处理能力十分有限，导致其虚警率居高不下。此外，母船（艇）可能需要在存在威胁的区域布放和回收无人潜航器，导致母船（艇）更容易受到攻击。可见，现在无人潜航器在快速定位和快速攻击能力还达不到要求，其部署速度相对较慢，通常不具备快速定位与快速攻击能力，也不能提供快速定位和攻击所需的数据。因此，无人潜航器不太适合在航母和两栖编队航渡时执行反潜任务。但在航母和两栖编队停泊或于战区执行作战任务时却大有作为。这时通常由攻击型核潜艇担负警戒护卫任务，攻击型核潜艇以航母和两栖战舰为圆心，在其周围巡逻监视，或是部署在敌方潜艇最有可能来袭的方位。由于潜艇数量不足，用无人潜航器替代是一项不错的选择。

干扰和诱骗敌方潜艇使之做出错误的判断和不当使用武器也可算作反潜作战的一种方式。无人潜航器可以有效地用作诱饵、假目标、干扰物等来执行这种干扰和诱骗任务。潜艇主要使用声学传感器来探测、识别和定位舰艇。声波的传播有一个优点，即利用点声源发出的辐射噪音在经过数千米的传播后与真实目标发出的声波十分接近。

无人潜航器能以相当高的逼真度发出较低声源级信号，提高声学传感器的疑似目标接触密度或噪声水平，从而降低声学搜索或声波分析的信噪比。一次性反潜战机动训练靶（EMATT）就是具备这种功能的无人潜航器。研制具备反潜护航能力的无人潜航器有很大的难度，但研制干扰或诱骗型反潜无人潜航器的技术难度相对较低。

◎ 无人潜航器正在编队正面沿预定航线进行往复反潜搜索

# 四、以静制动 封控港口

利用无人潜航器封锁敌方港口和交通要道不易被发觉，而且作战成本极低，还可以牵制敌方水雷战兵力和迟滞水面舰艇和潜艇的行动。

美国海军新出台的水下战概念是综合运用业已建成的分布式水下网络系统、无人潜航器、火力打击系统联合实施水下威慑行动。在装备发展方面提出研发“先进水下武器系统”，它由搭载传统水雷、鱼雷或导弹等武器的超大型无人潜航器、水下分布式传感器、水下通信装置等组成。

## 1. “先进水下武器系统”主要任务载荷

“先进水下武器系统”主要任务载荷包括：①水下传感器。②自航水雷、主动攻击水雷等水雷。③紧凑型快速打击武器、Mk54 等鱼雷。④ AIM-9X“响尾蛇”等潜射防空导弹等。⑤猎雷系统等各类小型无人水下航行器载荷。该系统具备隐蔽部署、机动待机、联合组网、状态可控和自主发射武器实施主动攻击等能力，主要用于封锁港口、交通要道，攻击敌潜艇和水面舰艇、商船等任务。它可由潜艇、水面舰艇或大型飞机远距离布放，入水后自主航渡到指定的作战海域，然后在适当的地点布放传感器或水雷，根据作战需要遥控启动或休眠布设的水雷，实现整个作对水雷武器的完全控制。系统还可定时或视情通过浮标天线与指挥系统通信。

知识链接

**“斯巴达侦察兵”（Spartan Scout）无人水面艇**

“斯巴达侦察兵”是美国海军水下战中心主导、诺思罗普·格鲁曼公司和雷声公司负责设计开发的可重组多用途高速半自主无人艇。研制目的是对抗非对称威胁；利用网络环境进行情报监视与侦察，提高编队的战场态势感知能力；验证无人艇的军事效能、可行性及其节省人力的可能性。

它采用美国海军现役7米和11米2型刚性充气艇加装“即插即用”型任务模块而成，所以有两个型号。可分别负载1350千克和2250千克。艇上设有标准的设备基座，可随时更换

### 2. “先进水下武器系统”性能装备

美国海军计划利用在研的超大型长航程无人潜航器项目研制“先进水下武器系统”。该系统总长度约6米，直径约2米，可以搭载于美国海军“俄亥俄级”巡航导弹核潜艇导弹发射装置（拆除7个“战斧”导弹的发射筒）和未来核潜艇装备的“通用导弹发射舱”。其能够搭载16个分布式传感器，每2个为一组，作为网络中的节点，通过长度约910米的光纤电缆连接，同时还可以通过外挂或内置方式搭载武器。最大航速6节，最大航程约440千米（2节航速）或240千米（5节航速），最大目标探测距离约3.7千米，武器的最大攻击距离约15千米。

### 3. “先进水下武器系统”动力

“先进水下武器系统”最初将采用柴电混合动力，以保证有较大的航程。为保持隐蔽性，在远离目标区使用柴油机动力，抵近目标时采用隐身性好的电力系统推进。随着技术进步，未来将使用更加先进的能源技术代替柴电混合动力系统。

## 五、隐蔽出击　助力特战

对特种作战而言，掌握敌方滩头兵力部署情况非常重要，无人潜航器可弥补卫星和航空侦察的不足，而且更具隐蔽性，有些情报是其他平台和

任务模块。

艇长11米的“斯巴达侦察兵”，吃水0.91米，重1674千克。按照设计要求，该艇在3级海情下的航速为28节(最大达50节)，自持力8小时(最大为48小时)，航程150海里(最大达1000海里)，可在夜间行动，既能遥控操作也可自主活动。其标准配置包括无人驾驶系统、电光/红外搜索转塔、控制用视频摄像机、导航雷达、水面搜索雷达、全球定位系统接收机、视距/超视距通讯系统等。

传感器无法获取的。无人潜航器在监视侦察方面可承担的任务主要是：寻找敌兵力薄弱区域，供指挥员确定渗透和撤离路线；提供气象与水文情报，供参谋人员在复杂的环境中选择有利的渗透与撤离路线；在渗透和撤离前提供民船和渔船航行情报，以免部队行动被发现；为执行渗透任务的特种作战部队提供预警信息。

无人潜航器在支援特种作战时的另一项重要任务是为特战队员运送给养。特种兵总是轻装上阵，非急需的给养和装备通常留在集结地。美国海

◎ 反潜型无人艇发射鱼雷

知识链接

**“海上猫头鹰”（Sea Owl）无人水面艇**

“猫头鹰”无人水面艇由美国国际机器人系统公司于20世纪80年代研制。90年代初，美国海军购买了数艘“猫头鹰”用于“海洋水文自主调查”项目。后由美国导航技术公司（现已并入DRS技术公司）对其进行升级改装，更名为“海上猫头鹰”。该艇集成了导航和跟踪，利用无线通讯设备进行遥测、控制和数据传输，可向载舰控制机实时提供图像信息等。其体轻巧，长度仅为3米，重500千克，十分便于装运和部署；吃水仅18厘米，可在

军在 2003 年的“巨影”演习中曾实战验证了由无人潜航器负责提供给养的作战概念，实践证明。无人潜航器可替代传统的载人水面舰艇与飞机执行有效载荷运送任务。当然小型无人潜航器因其载荷空间有限，很难胜任此项工作，只能交由规格较大的无人潜航器去承担。

美国亨廷顿英格尔斯工业公司研制的“海神”双模式水下无人潜航器在 2017 年先进海军技术演习期间成功完成了对抗性战斗空间的无人任务测试。该潜航器也是美国海军大型水下无人潜航器的选项之一。所谓“双模”

◎ “海上猫头鹰”（Sea Owl）无人水面艇

近岸极浅的水域内活动；能够高速机动，最大航速超过45节；10~12节速度下连续航行10小时；3~5节巡逻时的续航时间为24小时。主要任务是雷区探测、浅海监视、海上拦截和保护港口码头周边的安全等。改进后的无人艇用途更加广泛，可作为载舰的侦察艇为其标示海上或岛礁附近的目标。

是指它既可以完全自主航行并执行预定任务，又可作为水下运载器，由人驾驶航行。“海神”重 3.7 吨，有效载荷 1.6 吨，最大航速 10 节，航速 6 节时可航行 92 小时，航速 5~9 节时的续航力达 600 千米，有人模式潜深为 45 米，无人模式潜深为 60 米。

“海神”无人潜航器配备水声和数据声学通信系统、铱卫星通信系统以及语音通信和无线电等通信设备，装有基于 GPS 的一体化导航系统。该潜航器用途广泛，从预定水域巡逻到隐蔽跟踪弹道导弹核潜艇，都可派上用场。潜航器的货舱可搭载 180 千克的载荷，包括各种传感器、通信设备、爆炸装置等，还可以携带 Mk67 或 Mk54 鱼雷等武器，必要时能对所跟踪的目标实施打击。

◎ 美国“海神”双模式水下无人潜航器

使用潜艇运输的后勤型载荷和用于海洋调查的载荷（如海洋调查工具）将来可以使用无人潜航器来运输，而使用无人潜航器运输此类载荷的技术风险也比较低。不足之处是大小与重型鱼雷相当的无人潜航器的有效载荷空间只有4~6立方英尺，搭载能力有限。此外，有效载荷只能放置或预置在水下，这会给回收带来困难，也增大了回收平台被探测到的风险。

## 六、网络节点　通信导航

未来的信息化战争对各种装备的信息化水平都提出了更高的要求。美国海军在2005年出台的《21世纪的反潜战作战概念》中明确提出，自主潜航器要具备充当通信平台的能力，可用于执行通信任务。从长远来看，反潜战将从过去的注重平台的种类和数量转向注重传感器的种类和数量，各种作战装备在网络中更多的是发挥传感器的作用。海战时，各种平台分布在广阔的海域，特别是对潜通信因水下通信手段有限受到很大限制，将越来越依赖无人潜航器。在作战时需要利用无人潜航器构建分布式传感器网络，承担大量数据传输中继的任务。

在信息作战方面，无人潜航器和无人水面艇可秘密快速接近敌编队，对其网络和无线通信进行干扰，在执行网络信息战任务方面具有优势，但目前的无人平台实施干扰能力还很有限。特别是无人潜航器的桅杆高度较低，限制了其干扰能力。相比传统的有人平台，无人平台在实施信息作战方面还有较大差距，还有待今后的技术进步。

目前的无人系统面临的技术难点是通信链接的可用性、通信链接所支持的数据容量、频谱分配、对抗干扰的射频子系统的复原力等。针对以上通信方面的技术挑战，美国国防部提出用于无人系统通信网络防护的“系统感知网络安全”概念，并开始研发“系统感知安全哨兵”技术。在无人机、无人水面艇上安装安全监控子系统，通过探测无人系统的异常行为，来判定其是否遭受网络攻击。美国国防部计划采用商用及军用网关及中继站点进行任务数据、指挥与控制连接。例如，目前的卫星网关设备、企业网关等都可以用作无人系统的通信，既可节省成本又能提高效率。目前，美国国防部还在考虑将现有的中继系统进行集成与利用。

水下通信技术是无人潜航器系统与有人平台之间信息交互的关键，主要考虑的因素包括可用带宽、通信范围、探测能力和所需的网络设施。无人潜航器主要采用光纤通信、水声、无线电、卫星等方式进行通信，也可以采用激光以及 LED 进行短距、高带宽通信。与无人水面艇相比，无人潜航器自主水平更高，对带宽要求较低，可以通过采用实时双向通信技术获得较高的作战效率。天线、卫星通信、GPS 导航系统较为可靠，但隐蔽性较差；水声和无线组合浮标的方式隐蔽性好，但受到浮标数目的限制。

◎ 水下无人滑翔机

较为可行的水下通信方式是采用声学水下水声信息链。挪威和澳大利亚已经研制了相应的设备，挪威的专用高速声学链可以连续传输声呐信号，传输率为每秒 100 比特。北约海事研究与试验中心认为，水下声信号传输的数据量以及传输距离受限，数据在传输过程中会受到破坏和丢失，目前大部分水下通信的共享协议都是为特定的设备而研制，系统之间缺少有效协作性。该中心正通过减少无人潜航器的数据传输量、投资较高数据率传输以及较大数据包的微型调制解调器、制定通用水下通信协议来解决这一问题。

◎ “双鹰”无人潜航器

# 第3章

# 海上无人系统的实战应用

无人作战系统的广泛应用是信息化战争的主要特点之一。2014年美国提出“第三次抵消战略”，针对中、俄等国不断增强的军事实力，特别是针对所谓的中国“反进入 / 区域拒止”能力，推出以“创新驱动”为核心，以发展“颠覆性技术”为抓手，加快发展颠覆海战游戏规则的装备，试图以此进一步拉大与其他国家的技术差距，在装备上逐步形成遥遥领先对手的“代差”，目的是改变未来战争规则，切实获取军事优势，发展重点是瞄准无人、智能、3D等颠覆性技术，推动定向能武器、电磁轨道炮、无人作战系统、高超音速武器等新概念武器的发展。

无人作战系统现阶段的作战使用特点是“人机结合，人在回路”，作为传统有人作战系统的替代和补充，它正改变着作战模式，能够以较小的代价取得更大的战果，智能化无人系统将大幅提升作战效能。未来战场将形成无人与有人作战系统交互融合的样式。我们可以通过几个海上无人系统的试验和非战争军事行动使用的案例来推知它在未来海战中的使用模式。

## 一、狼群作战　多路合围

如其他武器系统一样，单一的海上无人系统在海战中能发挥的作用有限，只有当多个或多类无人作战系统同时参与作战行动，并组成网络，才能最大限度地发挥作战效能。这就是所谓的无人作战系统的“狼群作战”。“狼群作战”的含义是海上无人系统像群狼一样围堵或攻击同一个目标，具备密集、快速等特点，使对方难以招架，无力还击。今天的狼群作战不同于以往的“狼群战术”和“人海战术”，它是建立在网络基础上的。今天互联网广泛普及，已经融入我们的日常生活，物联网也在悄然进入我们的生活，并且正在改变我们的生活方式，而物联网在军事领域的广泛应用也必将改变传统的作战样式。

如果说互联网是计算机的互联，那么物联网就是“物物相连的互联网”，是由无数具有独立功能的普通物体构成的互联互通的网络。它是新一代信息技术的重要标志，也是信息时代的重要发展阶段。物联网的应用范围将越来越广泛。在物联网上，通过应用电子标签将真实存在的物体联入网内，用户可以了解它更多的信息。通过物联网可以对机器、设备、人员进行集中管理、控制，也可以对家里的空调、冰箱、汽车等物品进行遥控，并实时掌握它们的各种信息。

### 1. 铁壁合围　各个击破

在军事领域，将所有参战的平台、系统、武器弹药、传感器、设备、人员等由网络连接，进行信息交换和通信，以实现智能化识别、定位、跟踪、监控和管理。这种作战网络不仅连接水面舰艇、飞机及武器，而且还包括潜艇、小型舰艇、海上无人系统，构建强大的作战网络。使对手任何时候面对的都是整个作战系统，而不仅仅面对单艘舰艇、单个打击群或潜艇。要实现这一目的则需要大数据、云计算等先进技术的支持。

无人水面艇主要应用于执行危险以及不适于有人船只完成的任务。当配备先进的控制系统、传感器系统、通信系统和武器系统后，可以执行多种战争和非战争军事任务。比如，侦察、搜索、探测和排雷；搜救、导航和水文地理勘察；反潜作战、反特种作战以及巡逻、打击海盗、反恐袭击等。使用无人水面艇执行狼群作战，不但要有追捕猎物的能力，还要有彼此间的协作能力和分工能力。

2014 年，美国海军在弗吉尼亚州尤斯蒂斯堡附近詹姆士河首次进行无人水面艇狼群技术演示验证。这次演示验证共使用了 13 艘无人水面艇，测试海军研究局与工业部门研发的“机器人自主指挥与感知的控制体系结构”(CARACaS，无人水面艇控制系统 ) 的性能，其中多艘刚体充气艇安装这种便携式自主技术的设备，其他无人水面艇没有安装这种设备，任务是对己方一艘舰船进行护航。试验中，13 艘无人水面艇通过交换传感器数据、就各自意见达成一致，集群拦截了潜在敌方舰船。

这次演示验证标志着无人水面艇的狼群战术趋于成熟，投入实战、独立执行任务即将成为现实。但在演示中也暴露出一些问题，无人水面艇集群一旦确认某个物体是要攻击的目标，每艘无人水面艇都开始采取各自独立的应对措施。这在多数情况下没有问题，因为这些无人水面艇设置了相同的程序，它们会对同一情况采取相同的应对措施，朝着威胁目标采取“一拥而上”的战术，但这种战术缺乏规划性，所有无人水面艇器都冲向这个目标，有可能忽略其他威胁目标。

2016 年 10 月，美国海军在切萨皮克湾再次进行了第二次无人水面艇狼群技术演示验证。这次演示验证共使用了 4 艘无人水面艇，任务是防护一片港口外的海域。演示验证期间，无人水面艇集群在发现一艘未知舰船

◎ 使用无人水面艇执行狼群作战示意图

进入预定巡逻水域后，它们自主协同确定由哪艘无人水面艇快速靠近未知舰船、识别其敌意或可疑身份并联络其他无人水面艇协助跟踪。与此同时，其他无人巡逻艇则继续对所分配水域进行巡逻。整个过程中，无人水面艇集群不断向监控人员提供状态更新数据。此次试验使用的无人水面艇控制系统新增加了多艘无人水面艇协同进行任务分配、更多的无人水面艇行动与战术、自动舰船识别等功能。

### 2. 空中水下 协同行动

美国海军水下作战中心 2017 年 8 月举办了一次“先进海上技术演习”，主要展示了未来可能用于作战的先进水下无人系统及其相关技术。该技术演习自 2015 年以来每年举办 1 次，2017 年的主题是“对抗环境下的战场准备”，在水下领域重点展示了水下网络及节点、基础设施防护和水下导航等先进技术。

在水下网络和节点技术方面，通用动力公司团队演示了两个作战场景。第一个场景是一艘水面舰艇布放一艘“金枪鱼”-21 无人潜航器，它携带了一艘“蓝鳍沙鲨”微型无人潜航器和装有“黑翼”无人机的发射装置。发射装置上浮至水面发射“黑翼”无人机，并与作战控制系统建立了数据通信链接，“蓝鳍沙鲨”无人潜航器完成情报监视与侦察任务后，通过“黑翼”无人机中继，将情报回传给作战控制系统。之后，控制系统还可以通过“黑翼”无人机指挥“蓝鳍沙鲨”执行另一个任务。第二个场景是由潜艇发射“蓝鳍沙鲨”无人潜航器，在它完成任务后通过水中的调制解调器将数据传递至一部光学与功率分路器，该分路器可将收到的信息分发送至不同位置。

在演习中，技术人员还完成了利用指控系统同时控制 8 艘 / 架海上无人系统进行水下基础设施防护的演示，其中尺寸较大的“海神”潜航器携带了尺寸较小的“雷姆斯”100 和激流公司研制的无人潜航器在己方水下基础设施周边巡逻执行监视任务，“雷姆斯”100 潜航器装有合成孔径声呐，具备目标搜索与探测能力，并且具备一定的自动目标探测能力，探测到目标后会向战术作战中心发送信号，帮助操作人员确认目标。一旦目标被锁定后，从“海

◎ 无人水面艇作战演练

神”潜航器发射装有小型被动声学传感器的“激流”潜航器进一步确认目标。操作人员根据它回传的信息，确定是否需要对目标进行攻击。在演示交战时，另一艘“激流”潜航器和一艘自主型商用低成本的“艾佛”潜航器扮作假想敌，前来偷袭己方的水下基础设施，“雷姆斯”100潜航器负责作战毁伤评估。演习还使用了一架无人机为水下无人系统间的通信作中继，另外还有两艘无人水面艇部署在海岸外16.09千米处负责监控进出作战区域的船舶航行情况。

### 3. 难题还有一堆

（1）自主协同。无人水面艇实施狼群战术的一个难题是自主协同。减少操作人员的数量、构建安全的舰艇网络、具备自主机动和待命以及清除障碍的能力，是发展无人水面艇的初衷。由于无人水面艇所处环境十分复杂，不仅包含静态障碍物，同时还受海情、其他舰船航行的影响，尤其是在繁忙的航道中执行任务对自主协同的要求更高。除了无人系统共有的技术难题以外，高度的自主协同能力是未来无人水面艇发展的重点。这样才能减少操作人员，避免执行任务时的混乱和遗漏目标。自2014年演示验证之后，美国海军研究局研制了可使无人水面艇共同形成行动计划并对任务进行分配的软件，使无人水面艇集群能够制订计划、进行任务分工，甚至留出预备力量。该软件还包含了一种“行为引擎”，使编程人员得以创建一整套复杂行为模式库。

2014年，无人水面艇仅能实施护航与攻击威胁目标2种行为。而2016年使用新软件的无人水面艇则能实施4种行为：在特定区域巡逻、对舰船目标进行敌我识别、利用传感器追踪及跟踪可疑舰船。未来，行为引擎技术将使无人水面艇控制系统软件更容易进行行动更新。这样，无人水面艇集群最终将能执行大量不同任务，每个任务软件包都能从一个大型行为库里选出适用行为；不同类型的舰船将使用同样的软件模块，从而降低编程成本。

（2）目标自动识别。目标自动识别也是难题。无人水面艇的目标识别受海上环境的影响非常大，海水波动会引发传感器及目标的晃动，海杂波和

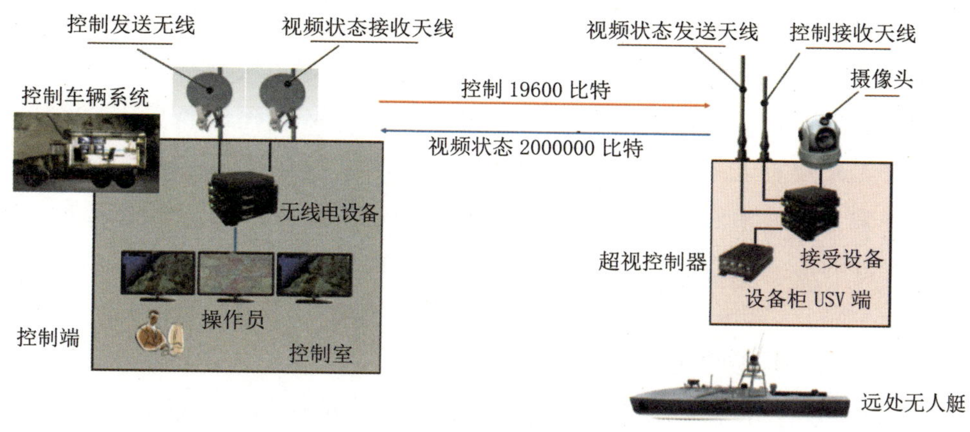

◎ 无人水面艇与监控员或无人水面艇之间的通信联系

盐雾等自然现象有可能导致图像变形。无人水面艇必须具备识别不同类型的敌方和友方舰船的能力，特别是外形相似的舰船，所以需要多种传感器和敌我识别器等设备。确认是敌方舰船后对其实施跟踪甚至攻击，如果是友方舰船则允许其通行。若无人水面艇判断错误，监控人员还必须能够及时改变其判断并人在回路修改目标的性质。与“捕食者”等第一代无人机相比，无人水面艇的自主水平已大有改进，“捕食者”的遥控模式需要大量不受干扰的带宽提供支持，而海军的无人水面艇集群则是为了尽可能减少无人水面艇与监控员或无人水面艇之间的通信联系，从而节省通信资源。

（3）力求能力互补。美国海军高层近年来一直强调混合型未来部队，利用无人及有人系统协同，实现两者之间的能力互补并完成任务。在不久的将来，无人水面艇将能承担某些危险的任务，从而保护作战人员，并能以集群的形式执行任务，所消耗成本仅是执行同样任务所需有人战舰成本的一小部分。海军可以通过在现役载人艇上安装无人水面艇控制系统组件，快速而低成本地将其改装成执行此类任务的小型自主无人水面艇。

与此同时，美国海军还在努力提高无人潜航器的自主性能。2016 年 12 月 14 日，美国海军研究局宣布与脉创公司合作，为无人潜航器开发先进的自主性。主要研发工作是为无人潜航器研制先进自主性编写和测试软件，以提高无人潜航器的自主能力。脉创公司在美国海军的大直径无人潜航器项目中已与美国海军研究局有过合作。2013 年，脉创公司与美国海军研究局签订合同，为大直径无人潜航器项目开发自主性软件，其中涉及自主性软件、计算机硬件和传感器，包括在实验室内集成和测试自主性和任务规划软件，用试验台测试部署大直径无人潜航器的硬件。

使用脉创公司开发的自主性软件使大直径无人潜航器可规避作战域内的潜艇舰船，包括渔船和敌方来袭的舰艇。据称该公司的软件克服了多项难题，包括探测与规避水下静止和移动的障碍物，以及使能耗降至最低同时规避障碍物的路径规划算法。开发大直径无人潜航器自主性软件的其他难题还包括探测、定位和识别海上舰船，判定探测海上舰船的意图，探测并避开各种渔网、渔具等。

知识链接

**“战场准备无人潜航器”（BPAUV）**

“战场准备无人潜航器”是美国海军近海和水雷战计划执行办公室联合金枪鱼机器人公司开发的一种轻型无人潜航器，是在“金枪鱼”21无人潜航器的基础上改装而成，可在大于12米的小艇上部署。其动力系统为耐压型锂蓄电池，从而比原来的银-锌电池更安全、更持久。自动化程度更高，可以以3节的航速工作18小时，在水深200米内作业，覆盖范围为150米。该型潜航器带有多种传感器，具有多任务编程模式，多波段侧扫声呐（其水平航

## 二、海上工兵 联袂排雷

美军在“自由伊拉克行动”中通过无人潜航器扫雷证明其具有无可比拟的优势。战争期间，美国海军利用几具海德洛伊公司制造的“雷姆斯”100无人潜航器清理了在乌姆盖斯尔港的一条航路，使载有200吨食品和紧急物资的英国“盖拉哈德爵士”号补给船安全抵港。如果不使用无人潜航器扫雷，作业可能会持续很长时间，而在无人潜航器的帮助下整个任务仅用了16小时，在10次任务中，无人潜航器共计搜索了250万平方米的水域。

### 1. 减少伤亡 降低成本

利用海上无人系统完成猎扫雷任务最大的优势在于能够避免人员和高价值平台进入雷场；其次是先进的作战指挥控制系统可以综合各类传感器的情报，准确详尽地标清水雷的类型、地点、水深等各种信息，指挥官可视情况进行清扫，能够掌握主动权，灵活运用多种手段，或清除或规避，并且可降低水雷战的成本。与无人潜航器相比，无人水面艇的发展起步较晚，在水雷战方面的应用也远不及无人潜航器。但无人水面艇凭借自身优势，很快在水雷战中站稳了脚，特别是其航速快、航程远，载荷多、易操作等优点可以弥补无人潜航器的不足。国外已出现无人水面艇携载无人潜航器执行水雷战的新模式，这种组合大幅提高了猎扫效率，载人舰船可以在雷场外更远的地方遥控指挥。

迹和垂直航迹的分辨率分别为10厘米和7.5厘米）。精确的导航系统可集成姿态、航向基准系统和多普勒测速仪的相关数据，并定期进行GPS数据更新，以确保探雷概率和精确定位。该型潜航器能够秘密执行情报、监视与侦察以及海底目标识别等各项任务，并为实施水雷战收集海洋数据等，为战场建设提供支持。2006年年底交付一套完整的“战场预置式无人潜航器”系统，包括2部潜航器及保障设备等，作为濒海战斗舰的任务模块。

根据近期国外海军海上无人系统的发展，我们可以推测未来的水雷战主角将是无人系统。在作战使用方面，美国海军依靠网络中心战提升反水雷作战能力，在网络中心战的大背景下，将战略、战役、战术层面，空中、水面、水下，有人和无人的所有可用于反水雷的装备全部融入网络中，各种装备全部是网络中的一个节点，每个节点既是信息的提供者也是信息的使用者，信息实时更新，各种作战平台共用一张作战图像，上面清晰地标出水雷的类型、位置、深度等信息，实现高度的信息共享。在水雷战中引入网络中心战概念，不再使用过去一对一的猎扫方式，探测、识别、清除水雷可能不再由一个平台完成，而由网络中最适当的平台完成。

在执行猎扫雷作业时，担负水雷战任务的濒海战斗舰前出编队或是向指定海域派出无人机（或直升机）、无人水面艇前往雷场利用多种传感器按照预设的航迹进行广域的搜索，发现疑似目标后进行识别、定位水雷，必要时利用无人潜航器进行详查、确认。一旦确定需要清除，则选择最适合的武器进行灭雷。现在清除水雷的手段很多，对漂雷和布设深度较浅的水雷可用直升机载的超空泡射弹将其击毁；对于锚雷可用无人潜航器布放炸药将其摧毁，或用割刀切断其系留绳索，使之上浮，然后击毁或捕获；对于感应式水雷可用感应式灭雷具将其引爆。

## 2. 新秀相继亮相

猎扫雷是无人潜航器最早开发的功能，也是目前最成熟、应用最广的技术。早期研制的遥控式无人潜航器，由母船通过电缆遥控操纵，承担水下探雷任务，有的型号装有炸药，使用时通过有线遥控接近水雷放置炸药

知识链接

**“雷姆斯”（REMUS）系列无人潜航器**

“雷姆斯”潜航器是由美国国家海洋与大气管理局与伍兹霍尔海洋研究所联合研制，主要用于反水雷战、水道勘测、环境监测、港口防卫等浅水环境下的各种任务，并且可以组成编队执行任务。

“雷姆斯”100无人潜航器直径190毫米，长约1.6米，长度根据不同任务模块配置而变化，设计重量37千克，其体积小，易于运输、布放和回收。采用可充电锂离子电池，续航时间大于10小时，速度为4.5节。

◎ 扫雷艇引爆水雷

引爆水雷，有的采取与水雷同归于尽的方式清除水雷。例如，德国的“长尾鲛”就是一型一次性无人潜航器，通过有线遥控，可以潜到水下 300 米深度。它全长 1.3 米，呈鱼雷状，有 4 个靠电池驱动的水平推进器和 1 个垂直推进器，活动半径约 1200 米，可为母船提供探测数据，必要时可攻击水雷。有的无人潜艇体积较大，可以搭载多种探雷装置，有是还装备可伸缩的机械臂，用于切割锚雷的系留绳索，或在水雷附近放置爆破用炸药。例如，瑞典的“双鹰”无人潜航器，水下最大航速可达 6 节，通过 6 个小型推进器可以上下左右移动，最大深度为 300 米，装有机械臂。近期服役的无人潜航器更多的是自主或半自主式的，搭载更多、更先进的探雷设备，多是按照预先的编程进行探雷和灭雷。

“雷姆斯”600是一种轻型多用途潜航器，它采用了与“雷姆斯”100相同的软件和电子系统，但潜深度提高到600米（不同配置下可达1500米或3000米），长3.25米（根据有效载荷的不同长度可变），直径324毫米，航速5节，最大自持力70小时、动力装置为5.2千瓦/时可充电锂蓄电池。

“雷姆斯”6000是一种重型自主式潜航器，主要任务有两项：一是独立勘测海洋环境、收集数据；二是利用侧扫声呐测量海床并绘制海图。

EXPLOSIVE

◎ 德国“长尾鲛”一次性无人潜航器

为了进一步拓展濒海战斗舰水雷战任务包的功能，美国海军于2012年决定在“金枪鱼”-21无人潜航器的基础上，发展“刀鱼”无人潜航器，主要用于探测和识别水雷。“刀鱼”无人潜航器长6.7米，直径533毫米，重量约为920千克。采取开放式结构设计，可以搭载多种任务系统，主要设备有低频宽带合成孔径声呐、双向铱星通信设备、专用传感器等。

20世纪90年代末美国海军在军事转型中创新设计出濒海战斗舰这种新舰种，其发展思路是设计一型通用平台，只装备基本设备，通过更换任务模块实现作战功能的转变。为此设计了反潜战任务包、水雷战任务包、反舰战

◎ “刀鱼”无人潜航器

任务包。虽然经过一段时间的使用美国不再将濒海战斗舰作为独立的舰种，任务包逐步变为舰上的固有装备，但执行各种方面作战的装备和设备已相对固化。其中执行水雷战任务的濒海战斗舰搭载的主要装备包括 1 架“海鹰”直升机、1~2 架垂直起降的无人机、无人水面艇、WLD-1 遥控猎雷系统、战场准备自主无人潜航器和“雷姆斯”无人潜航器等。

由于现役 MH-60S 直升机不具备充足的动力来安全拖拽扫雷设备，2012 年 12 月，美国海军海上系统司令部提出研制无人感应扫雷系统(UISS)，以替代由直升机拖带的水面感应扫雷 (OASIS) 及 AN/ALQ-20 拖曳式声呐，

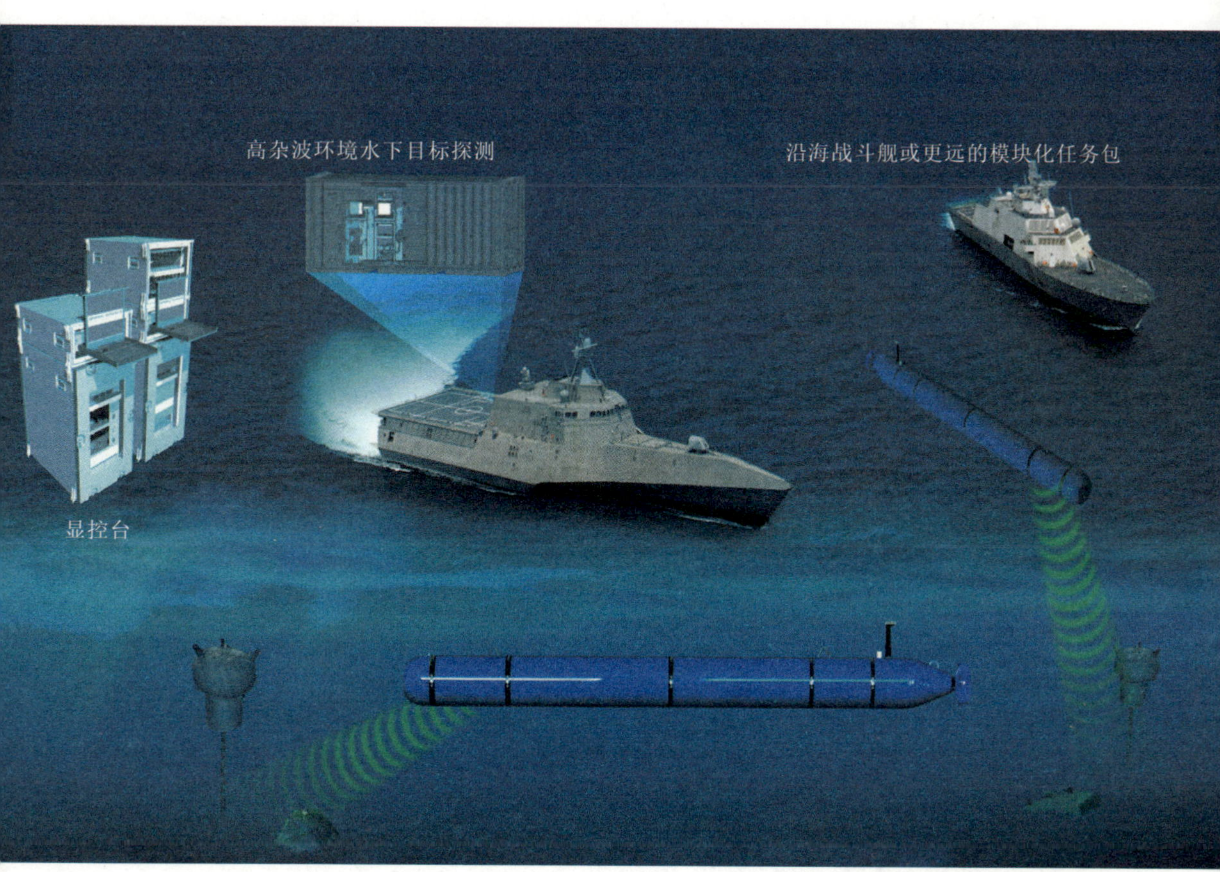


◎ “刀鱼”无人潜航器执行任务示意图

并要求相关企业提交设计方案。根据美国海军的要求，无人感应扫雷系统应该是一种半自主、能够长时间工作的磁性、声学水面扫雷系统，可由濒海战斗舰操控，并作为水雷战任务包的重要组成部分。该系统在作战使用时搭载于1艘无人水面艇，系统还包括1套扫雷系统、指挥控制设备，以及多平台通信系统等。

无人感应扫雷系统能够满足海军对快速、大面积扫雷能力的需求，可以排除磁性和声学水雷。系统中的无人水面艇长40英尺（1英尺≈0.3048米），使用特殊加固材料建造，使船体能够承受水雷近距离爆炸产生的冲击。在船底部装备Mark 104声学发生器和磁信号发生器，通过模拟真实舰艇的声学和磁性特征引爆感应式水雷，以确保母船或编队安全航渡。

无人感应扫雷系统装备红外传感器和通信设备，可与母船上的指挥控制系统相连。无人水面舰艇采用半自主导航技术，用惯性导航系统+GPS导航的组合导航系统，按照预先编好的程序到达雷区并按预定航迹航行，同时将视频、红外和雷达信号回传给母船上的操作者，操作者也可根据实际情况对无人水面艇实施控制。

◎ “雷姆斯”无人潜航器

无人感应扫雷系统尚未正式服役，美国海军无人与小型战斗舰项目执行办公室又提出一项为期 5 年、总额 12 亿美元的新项目，旨在加强有人和无人系统在反水雷作战时的密切配合，提高母船与无人水面艇之间的实时信息共享能力。美国海军海上系统司令部与军工企业正在联手对适用于“反水雷无人水面艇”（MCM USV）的一系列技术进行研发、评估和分析，计划配备濒海战斗舰。据称反水雷无人水面艇比无人感应扫雷系统在技术上有更大的进步。美国海军的远期规划是实现“反水雷无人水面艇”与无人潜航器的配合工作，对水雷“即猎即扫”。AQS-20 和 AQS-24 两种先进声呐猎雷系统将很快展开水下试验。

阿特拉斯电子公司英国分公司也为英国海军研制了集装箱式一体化反水雷系统（C-IMCMS）。它是一型采用无人系统运行的模块化、可跨平台使用的反水雷系统。猎雷和电磁感应灭雷都通过遥控或自主的无人系统完成。整个系统打包在一个集装箱内，包括便携式作战管理系统、侧扫描声呐信号处

◎ 无人水面艇释放 AQS-24 先进猎雷声呐

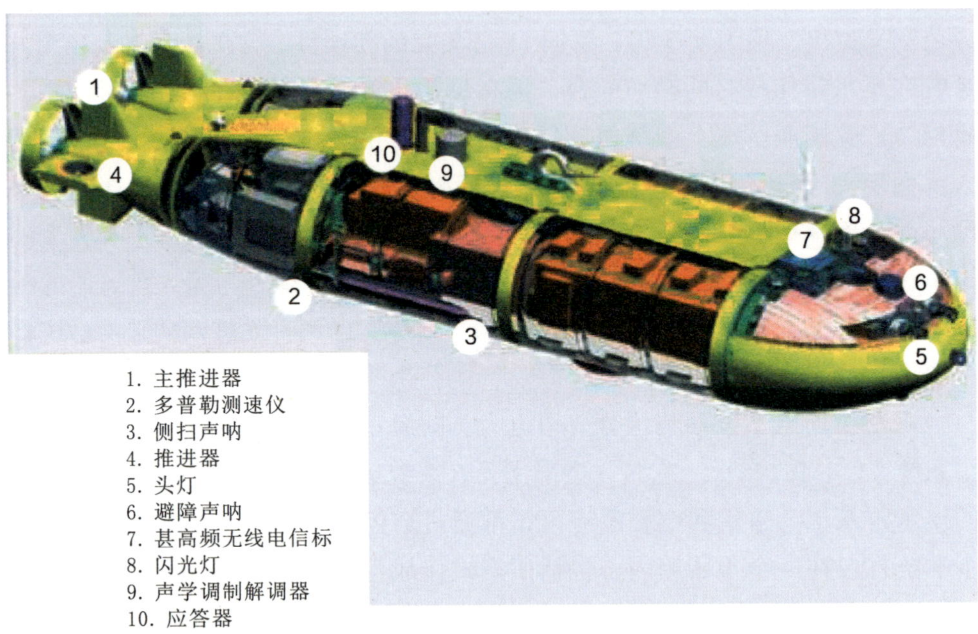


◎ “海獭”Mk Ⅱ自主式无人潜航器结构图

◎ “海獭”Mk Ⅱ自主式无人潜航器

理软件 CLASSIPHI、FAST（快速机动扫雷技术）无人水面艇、“海獭”Mk Ⅱ自主式无人潜航器和“海狐”遥控无人潜航器，所有任务都由指挥控制系统来规划、检测和评估效能。

## 三、海上博弈　获取情报

2016 年 12 月 15 日下午，美国海军“鲍迪奇”号海洋测量船携带的 2 艘无人潜航器中的 1 艘被中国海军的 1 艘救生船发现并识别查证。此无人潜航器是美国泰里达因公司研制的“斯洛克姆”无人水下滑翔机，属于无动力的无人潜航器，装有用于探测海底地形的设备，主要用于海洋调查。

### 1. 滑翔在水下的“间谍”

我们先看看水下滑翔机是干什么用的。长期以来，美军打着“科考测量”的旗号频繁派出舰机在他国海域进行抵近侦察和军事测量，主要利用无人潜航器获取他国近海潮汐、声场、温度、港区、海上油井以及海岸防护工程等重要信息。无人潜航器不仅可以搜集民用领域的海洋信息，更重要的是搜集他国海域的次表层水温、盐度、密度、海流及水下声场等与军事行动密切相关的海洋信息，还能获取他国海军各种作战平台的噪声特征信息和潜艇出航航道等信息，对他国军用和民用海上装备的安全都构成严重威胁。

前面我们提到海洋断崖对潜艇航行安全有至关重要的影响。海底地形图同样是潜艇航行必备的。

2015 年 1 月，美国海军“旧金山”号攻击型核潜艇在航行中撞上 6500 英尺（1981 米）的海山，而这座水下山脉没有标注在“旧金山”号潜艇的航线图上。当时使用的是较老的海图，原因是这一地区未列入冷战时期的战场，因而疏于勘测、更新。此外，掌握航道和战区的水文情况，了解海水温盐密的变化，对潜艇作战而言也是必不可少的，尤其是对声呐的使用至关重要。声音在海水中传播的速度受到海水温度、压强、含盐量等因素的影响，水温每上升 1 摄氏度，声音的传播速度增加 3 米 / 秒；压强每增加提高 1 个大气压，也就是深度每增加 10 米，声音传播速度加快 0.17 米 / 秒；1/1000 的含盐量增长则对应着 1.3 米 / 秒的额外声速。温度跃变层之下声速随水深稳步增加，水声信号的传播路径相应向浅水方向弯折，深海水体起到虚拟“凸透镜”的汇聚作用，将分散的声学信号逐步汇集至宽数海里、深度数百米的狭小 ( 相对而言 ) 区域内，这就是所谓水声会聚区。水声会聚区的间隔受海洋环境影响而无一定之规，但在北大西洋和北太平洋通常为 30~35 海里，宽度则随着声源的距离增加而逐步变大。低频被动拖曳线列阵声呐如果能很好地利用会聚区，往往能探测到在第三水声会聚区（大约 100 海里）以外航行的水面战舰和潜艇。看到这里，我们就会知道美国海军在他国海域长期调查水文情况的目的了。

## 2. 没有动力是如何前行的

我们再看看从水下滑翔机的技术和原理。我们熟悉的滑翔机是一种没有动力装置，仅依靠空气作用于其升力面上的反作用力进行自由飞行的固定翼航空器。一般从高坡上下滑到空中，或由飞机拖曳起飞，也可用绞盘车或汽车牵引起飞。在无风情况下，滑翔机在下滑飞行中依靠自身重力的分量获得前进动力，在上升气流中，滑翔机可像老鹰展翅那样平飞或升高。水下滑翔机的工作原理与之相类似，主要是依靠海水浮力在水下航行，它不像其他类型的潜航器那样采用传统的螺旋桨推进，而是依靠浮力调节系

知识链接

**“双鹰”（Double Eagle）遥控式灭雷具（1）**

“双鹰”遥控式灭雷具是瑞典萨伯·博福斯公司研制的遥控式灭雷具。“双鹰”MkⅢ是在“双鹰”MkⅠ和“双鹰”MkⅡ遥控式灭雷具的基础上研制而成的。在控制与支援设备方面，两者在很多方面都是通用的，主要区别在于MkⅢ有2台400赫兹的电力变换器，而MkⅡ只有1台。

MkⅢ要求使用一根不同的缆线。这根缆线与MkⅡ的一样可以在同一绞盘上操作，而

统控制浮力的变化，实现正浮力和负浮力之间的状态转换，在海水中产生上浮或者下潜的动力。一般在机身后部装有可折叠滑翔翼，使用时打开，呈平直或后掠姿态，其作用类似飞鸟的双翼。水下滑翔机内置油囊或气囊，靠前后油囊的调节改变重心和浮心的相对位置，产生横滚力矩和俯仰力矩，实现回转和俯仰运动，改变航向或者控制下潜上浮。水下滑翔机在水下航行过程中，由于需要不断进行浮力变化和重心调节，其航迹从三维空间来看呈螺旋运动，从垂直剖面来看呈锯齿形运动。

水下滑翔机的特点是没有动力装置，所以与辐射噪声极低，隐蔽性好，不易被探测到；能源消耗极小，可以大深度、远距离、长时间进行水下航行，最长的可达数年；尺寸小、重量轻，可重复使用，大量携载、输送和部署；可以灵活更换不同的任务载荷，担负不同性质的任务；自主智能程度高，自主进行航路规划，实现水中避障等。其缺点是速度慢，最大航速才 1 节左右，在水下呈俯仰沉浮、螺旋回转轨迹航行，所以航迹控制难，定位精度低；尺寸小，且没有推进装置，无法承载大型仪器设备，不能用来取代现有诸如拖曳声呐之类的探潜手段。

“斯洛克姆”水下滑翔机首次亮相是在 2004 年美国海军“环太平洋”演习。同年，美国海军还进行了一次代号为“TASWEX-04”的反潜演习，目的是测试“水下滑翔机”在反潜作战中的作用。2013 年夏季，美国海军正式将“水下滑翔机”的收放作业列入海军的常规训练课目。2014 年，美国海军宣布将“水下滑翔机”正式部署到特定海域。

“斯洛克姆”无人水下滑翔机，外形似鱼雷，由 6061 T6 铝合金材料制成，直径 210 毫米，后部有一对滑翔翼，45 度后掠，尾部有天线。该型潜航

且在水中还可以进行交换。因此在执行任务期间，猎雷手或临时扫雷艇可以同时操纵Mk Ⅱ和Mk Ⅲ灭雷具。

“双鹰”遥控式灭雷具的显示设备包括1台（或几台）监视器，用于显示彩色照相机拍摄的图像，同时还显示航向、深度、倾斜与翻滚度、电缆状态、渗水告警等信息。

◎ 美国海军“旧金山”号攻击型核潜艇

◎ 撞上海山后的美国海军“旧金山”号攻击型核潜艇

器有电能驱动型和温差能驱动型 2 种。这两类水下滑翔机在外形设计、姿态控制、导航通信等方面大致相同，只是在滑翔机的驱动能源上存在差别。电能驱动型“斯洛克姆”由碱性蓄电池提供动力，可以持续工作 15~30 天、航程 600~1500 千米，可以搭载多种海洋探测设备。根据指令下潜到 4~200 米处作业。温差能驱动型“斯洛克姆”则利用海洋表层与深水层的温度差实现浮力改变。

与电能驱动的水下滑翔器比较，温差能驱动水下滑翔器由于使用海洋环境能源作为系统的驱动能源，其巡航范围和时间又有显著提高，同时由于不使用功率较大的电机作为动力源，其水下运行平稳安静，具有极小的噪声和扰动，更适于海洋环境监测，可以持续 5 年保持在水下约 2000 米处活动，

◎ “斯洛克姆”水下滑翔机

航程达 40 000 千米。

该型潜航器携载了许多技术成熟的商用传感器，用于测量海水的温度、盐度、特性等。大约每隔 2~3 小时就上浮至水面，利用尾部的天线传输获取的海洋信息，并接收指令、获取 GPS 信息。

温差能驱动型“斯洛克姆”的主舱段内有一个与潜航器系在一起的反向底盘，底盘的底部有 ARGOS PTT 和气泵系统。另外，主舱段内还有倾斜和摇摆角度微调装置、气囊、油囊、螺线管、蓄电池、热荷泵等设备。

美国海军还有一型“海洋滑行机”（sea glider）无人潜航器，属于便携式潜航器，只需 1~2 人就可从一艘小艇上布放和回收，也可从大型舰艇舷侧或尾部布放和回收。主要用于收集海水特性数据，如传导性、温度和深度（CTD）、浑浊度、流向、氧气浓度、粒子逆散射等，据此可以计算出不同水深的声音传播速度。该型潜航器长1.8米、直径300毫米、翼展1米，自重52千克，航速0.25米/秒，最大工作潜深1000米，动力装置为锂电池、自持力1~10个月。下潜时尾部的天线伸出，通过GPS全球定位系统确定方位，传输数据并利用“铱”卫星接收来自母船或岸基指挥部的指令。这一过程仅仅持续几分钟，然后迅速下潜。其动力系统能够为其提供持续数月的能量，同时使其下潜至1000米深处。

## 四、高调亮相　搜寻马航

2014年3月8日，马来西亚航空公司一架载有239名旅客的波音777-200飞机与管制中心失去联系，在南印度洋坠毁。一场旷日持久的海上搜救工作随即展开，先后有25个国家派出65架飞机和95艘舰船参加搜索，其中有许多民间机构的船舶、飞机。在搜索失联的马来西亚航空公司航班（简称“马航”）客机过程中引人注目的是高调亮相的“金枪鱼”-21无人潜航器，虽然最终无功而返，但它让世人了解了无人潜航器在深海救援中的作用，同时细心的观众也可从中推知其在反潜作战中能发挥重要作用。搜索马航失联客机是无人潜航器执行水下搜索任务持续时间最长的一次。

### 1. 众多高手齐聚南印度洋

华盛顿时间2014年3月24日，美国宣布将派出一部拖曳声波定位仪和一部水下潜航器前往澳大利亚协助搜寻马航370航班的黑匣子。这是继P-8A“海神”和P-3C“猎户座”反潜巡逻机，美国再次调派高科技装备搜寻马航370航班。美国海军提供的“金枪鱼”-21和拖曳声波定位仪都部署在澳大利亚海军“海洋之盾”号补给舰上，并由美国海军技术人员负责操作。不过，“金枪鱼”部署到“海洋之盾”号补给舰后并没有立即投入搜寻工作，原因是没有确定准确的搜寻地点。

可能有人会问，20多个国家出动了那么多的舰船和飞机，为什么还要动

◎ 美国海军“海洋滑行机”（sea glider）无人潜航器

用无人潜航器。我们不妨先看看这些装备各自在对海探测中的作用。先说卫星，国外目前在轨的侦察卫星的中低轨道一般在 500~1000 千米，可以较好地收集地表物体的信息，拍摄图片，但由于水介质的特性，雷达、红外等探测设备无法侦测到水下的潜艇。雷达只能发现潜航在 50 米左右的潜艇。而且卫星每天对某一区域的过顶时间只有一两次，对搜寻马航客机的帮助较小。卫星的另一个作用是接收黑匣子发出的“握手”信号，此次马航搜寻期间，卫星接收到 7 次“握手”信号，根据卫星的速度、运动方向，运用多普勒效应理论等也只能推算出飞机最后发出信号的大致方位。水面舰艇拥有较好续航力并装有大功率声呐，可长时间在预定海域进行搜寻，无线电侦测设备可以接收“黑匣子”发出的信号，同时可观测海面的漂浮物，以辨认是否为飞机的残骸，缺点是航速相对飞机而言较低，每天可搜索的范围有限。民用船舶和渔船因其声呐性能探测距离有限，主要用于对海面漂浮物的观测。P-3C 等反潜巡逻机飞行速度快，每天可观测的海域辽阔，具有很好的对潜艇探测能力，但需要借助声呐浮标，在广域搜索时缺乏足够数量的浮标，而机载雷达对深海物体也无用武之地。肉眼观测也只能看到水下大约 100 米的大型物体。“金枪鱼”-21 无人潜航器的优势是可下潜 4500 米，这是其他装备所不能及的，缺点是航速过低，仅有 4~5 节，每天可搜索的海域有限。所以只能在其他装备确定目标的大致方位后进行精确搜索。

马航搜寻工作大致可分为三个阶段，水面搜寻阶段（3 月 9 日—4 月 7 日）、水下搜寻阶段（4 月 29 日—8 月 5 日）、全面水下搜寻阶段（从 8 月 6 日开始历时 1 年）。在水面搜寻阶段，多国的飞机和水面舰船对飞机

**知识链接**

**“双鹰”（Double Eagle）遥控式灭雷具（2）**

“双鹰”遥控式灭雷具能够携带的载荷如声呐（电子扫描或常规型声呐）、回音测深器、多普勒测速仪、1套跟踪系统、1套声学导航系统和若干只机械臂等。灭雷具与母船连接的光缆长1000米，可保证视频图像的高质量。其采用了一项独特的“精确装药定位”技术，即利用一台瞄准仪，高度精确地安放水雷爆破用炸药。在安放炸药的过程中，灭雷具依然保持着一个绝对稳定的姿态，使得操作员能够精确控制灭雷具的行动。

可能坠毁的区域海面进行了地毯式的搜索，参与搜寻的舰船对 7000 平方千米的海底进行了搜索，但并没有得到任何有价值的线索。虽然联合协调中心综合各方面的信息把搜寻范围缩小到了一个环形通道区域内，但搜寻工作量依然巨大。所以在随后的一段时间内，中国、澳大利亚两国联手在南印度洋利用声波定位技术寻找黑匣子。澳大利亚海军还出动了“海洋之盾”号补给舰船，船上装备美国海军的拖曳声呐定位仪和“金枪鱼”潜航器，虽然曾多次接收到可能是“黑匣子”的脉冲信号，但直到 4 月 12 日“黑匣子”的电量耗尽、信号消失也没能最终精确定位飞机残骸的位置。在水下搜寻阶段，参与搜索的各国飞机停止空中搜索工作。不过，海面搜索方面，仍将会有舰船继续在目标海域进行搜索、打捞任何可能浮到海面上的飞机残骸。各国的搜寻舰船开始分别使用水下摇曳式和自主式无人航行器去搜寻。整个搜寻区域面积达到了 60 000 平方千米，而且该区域地形极为复杂，搜寻团队需要边测绘地形边寻找残骸。随着时间的推移，搜寻团队依旧没有找到飞机的任何踪影。不过在搜寻过程中绘制出了高精度海底地形图。6 月 26 日，澳方宣布，根据多国卫星专家小组对已有卫星信息进行的重新分析，马航客机的搜寻重点将转入新区域。该区域位于“金枪鱼”-21 此前搜索区域以南，距离西澳大利亚海岸约 1800 千米，面积约 60 000 平方千米，仍在根据卫星与飞机“握手”信息而确定的第 7 条弧线上。搜寻过程需要 1 年时间。

经过 50 多天高强度搜索，没有找到任何有确凿证据是马航客机的物体，4 月 28 日，负责协调指挥的联合协调中心表示，下一步将缩减空中和水面的搜寻规模，把搜寻重点放到水下。各国空军搜救部队 29 日开始从澳大利亚陆

**美国“蛇头（Snakehead）”大型水下无人潜航器**

美国“海星”水下无人潜航器，长8.2米，直径0.96米，最大潜深1000米，续航能力为72小时，能够进行视距和超视距通信，可以通过声学传感器进行有限的自动触碰规避机动。设计上采用“蛇头”型，“蛇头”大型水下无人潜航器将携载武器或电子战设备，可使敌水下传感器和水雷失效，也可以攻击敌水下平台、水面舰船甚至岸上目标，于2019年下水。

OSCV 11
OCEAN SHIELD

◎ 搭载“金枪鱼”-21 潜航器的澳大利亚“海洋之盾”号补给舰

PALFINGER MARINE

◎ “金枪鱼”-21 无人潜航器

续撤离。有关方面根据拖曳声波定位仪所获信号估测出一个半径 10 千米的圆形范围，并将其锁定为“水下搜索核心区域”。4 月 14 日，澳大利亚“海洋之盾”号搭载的“金枪鱼”-21 潜航器开始对“水下搜索核心区域”进行扫描式搜索。5 月 28 日，“金枪鱼”-21 完成了对 4 月初发现声学信号区域的最后一次搜索，未发现任何飞机残骸迹象。

### 2. 被寄予厚望的“金枪鱼”

“金枪鱼”-21 是美国海军目前最先进的深海探测装置，也是“金枪鱼”系列中性能最好、下潜深度最大的无人潜航器，由美国马萨诸塞州金枪鱼机器人技术公司研发制造。蓝鳍水下机器人公司现有 5 款不同大小和用途的潜航器，分别是“金枪鱼”-9、“金枪鱼”-9M、“金枪鱼”-12S、“金枪鱼”-12D、“金枪鱼”-21，有的型号还有若干个子型号。

“金枪鱼”-9 体积最小，是一型便携式潜航器，配备侧扫描声呐和照相机。主要任务是近海调查、环境保护与监测、水雷战、维护港口和港口安全、爆炸物处理、快速环境评估、情报监视与侦察等。

“金枪鱼”9M 是“金枪鱼”-9 的改进型，性能大致相同，增加了更多的载荷供用户选用。

“金枪鱼”-12S 是一型高度模块化的潜航器，装有 GPS、无线电一体化天线，既有无线电和声学通信手段，也能通过岸基电缆进行信号传输，具有同时携带多重载荷的能力，载荷可根据用户需求定制。主要任务是近海调查、搜索和救助、海洋调查、水雷战、爆炸物处理等。

“金枪鱼”-12D 是一型模块化的潜航器，可便捷地换装载荷，有较大

知识链接

无缆自主水下潜航器(AUV)

无缆自主水下潜航器(AUV)是目前无人潜航器中工作范围最远、军用潜力最大，最受关注的一种，是世界各国研发的重点。各国使用的无缆自主水下潜航器，大都采用与鱼雷相同的口径和规格，主要是便于通过鱼雷发射管发射。比如著名的美国“蓝鳍金枪鱼”潜航器就是如此。然而鱼雷型无人潜航器的缺点也很明显，限于尺寸、空间和载荷较小，无论其头部携带的前视声呐还是侧扫声呐等主要探测器的阵元都很有限，探测距离和侦察性能

的潜深，具有很强的通用性和可升级能力。标准模块能够实现一系列的功能，而不必从头进行结构设计，可以自由增加作战载荷，或是增加动力组件延长航程，满足系统升级和作战任务转换的需求，而且能够交付艇身和载荷部件，由客户自行进行接口整合。主要任务是海洋调查、搜寻和救援、考古与探险、环境保护和监测、水雷战、爆炸物处理等。

“金枪鱼”-21 最大下潜深度为 4500 米，使用 9 组 1.5 千瓦耐压锂电池，总功率 13.5 千瓦，采用万向喷管推进器，最长水下行动时间为 25 小时。其采用高度模块化设计，可搭载多种传感器和载荷，主要任务是近海测量、海上搜救、考察勘测、海洋水文数据收集、水雷战、爆炸物处理等。内部电子系统包括导航系统、声呐系统、海底地层剖面仪、多波束测深仪等。入水后，“金枪鱼”-21 在预定海域发射声呐脉冲对海底进行扫描，脉冲向两个方向以弧形散开，其上的接收器接收脉冲范围内物体的反射声波，收到的声波信号传输给母船上的信号处理器。由于受体积所限，不能同时搭载声呐和水下摄像机。“金枪鱼”-21 一般是先使用声呐在水下搜寻，发现可疑物体后，回到母船换装水下摄像机，然后再次潜入水中进行拍摄，结束拍摄任务回到母船再由专家对图像进行判读。

### 3. 水下声波定位系统

与“金枪鱼”-21 同时披挂上阵的还有 TPL-25 拖曳声波定位仪，它装有高度灵敏的声波定位系统，可以探测水下发出的声波，从而对声波源进行定位，其定位最大深度达 6096 米。理论上讲，它也是寻找黑匣子的得力帮手。大多数黑匣子上的声波发射器通常每秒以 37.5 千赫兹的频率

自然也非常有限，能够同时携带的其他种类探测载荷也很有限，经常不得不使用所谓模块化设计，通过更换模块多次任务探测，来达成侦察目的。

2019年10月1日我国国庆阅兵时的国产HSU001无缆自主水下潜航器可以同时携带高性能、多种类的各种探测载荷，侦察能力远胜“蓝鳍金枪鱼”等美国、俄罗斯现役的无人潜航器。

发出信号，而 TPL-25 拖曳声波定位仪可以探测 3.5~50 千赫兹频段的各种信号。TPL-25 拖曳声波定位仪利用被动声呐探测范围达数千米，而如果利用主动声呐进行探测，其探测范围只有几百米。2009 年美军曾利用主动声呐搜寻失事的法航 447 航班，结果花了近两年时间才打捞起飞机上的黑匣子。

拖曳声波定位仪由水下拖曳部分、线缆、绞车、液压动力系统、发电机以及控制台等部分组成。其水下拖曳部分会被船只拖着在海上缓慢行进，速度通常是 1~5 节。一次任务的搜索范围约 40 平方千米，行动时间周期共约 20 小时。“金枪鱼”-21 从海面下潜到海床上预计耗时约 2 小时。然后，它将在海床上进行大约 16 小时的搜索工作，接着再用 2 小时返回海面。最后 4 小时则用于下载以及分析其所搜集的信息。

◎ “金枪鱼”-21 无人潜航器准备下海执行任务

声波定位仪的工作原理是水下部分在航行时利用水听器搜寻和“接听”声波发射器发出的声波信号，然后将其发送到母船控制台进行处理。控制人员将对信号最强点的位置进行记录，再进行反复多次测量后，通过“三角定位”来确定黑匣子的位置。2009 年搜寻法航失事客机时，动用了 3 台装备声呐的潜航器对海床进行扫描，并利用高分辨率照相机对海床拍照。水下搜寻工具扫描多山海底，把数据传回母船，供专家分析。同时，另一台装备高分辨率视频摄像头的潜航器拍摄探测区域的水下情况。

在阿根廷海军“圣胡安”号潜艇失联搜救行动中，无人潜航器也参与了搜救工作。美国海军派出无人潜航器第 1 中队的 1 艘“金枪鱼”-12D 无人潜航器和 3 艘“艾弗”580 无人潜航器参与搜救。这两型潜航器都装有侧扫声呐，可以对大范围海床区域进行成像扫描。此次行动是对美国海军无人潜航器执行任务能力的又一次实战检验。

◎ “艾弗”580 无人潜航器

REMUS
HYDROID

# 第4章

# 海上无人系统的关键技术

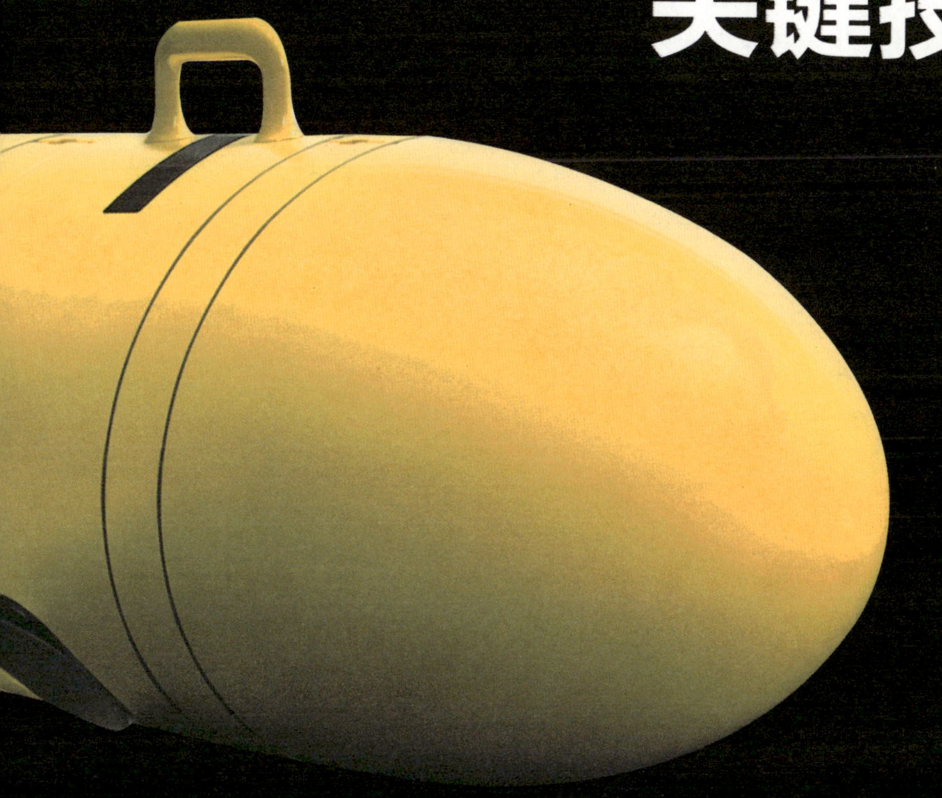

国外早期研制的海上无人系统设计相对简单，系统构成也不是很复杂，但随着赋予无人系统的使命任务越来越多，对航程和航速的要求越来越高，对各种功能的要求越来越高，海上无人系统无论是外形还是内部的设备都发生了很大变化，不断引入新技术，性能也大幅提升。支撑海上无人系统的技术有很多，这里只选了几项对提升海上无人系统影响较大的技术与大家分享。

## 一、动力能源　瞄准持久

海上无人系统的动力系统沿用了水面舰艇和潜艇动力装置的工作原理，进行简约化处理，并没有实现大的超越。无人潜航器的动力能源系统除了水下滑翔机以外，多采用电池作能源、电机 + 螺旋桨推进的方式。现用的电池主要有银 - 锌电池、镍 - 镉电池、锂离子电池、锂 - 亚硫酰氯电池、燃料电池和半燃料电池等。为了满足维持潜航器航程和航速、工作时间，增加有效载荷，提高稳定性等方面的要求，尽量选用能量密度高、功率密度大的电池。使用电池的原因是潜航器体积较小，不易安装其他类型的动力装置。电池的特点是安全性好、可靠性高、控制容易、价格低廉、耐高压、耐腐蚀、环境污染小等。目前无人水面艇使用最多的动力装置是柴油发动机和柴电混合动力装置。

### 1. 无人潜航器的推进方式

无人潜航器的动力方式主要分为滑翔式和电力推进式 2 种。水下滑翔机利用净浮力和姿态角调整获得推进力，能源消耗非常小，只在调整净浮力和姿态角时消耗少量能源，并且具有效率高、续航力大的特点，美国的“斯洛克姆”水下滑翔机的航行时间可达 5 年之久。虽然水下滑翔机的航行速度较慢，但其制造成本和维护费用低，可重复使用并大量投放，所以能满足长时间、大范围海洋探索的需要。

美国的“斯洛库姆”无人水下滑翔机根据动力方式有 2 种，即电能驱动型和温差能驱动型。这两类水下滑翔机在外形设计、姿态控制、导航通讯等方面相同，只是在滑翔机的驱动能源上存在差别。

电能驱动型长 1.8 米，内部采用注射器形的囊泵结构，工作在 200 米深度，航速为每秒 0.5 米。

温差能驱动型的最大工作深度 1500 米。其驱动原理是利用海水冷暖水层之间的温差获得能量，并将其转化为机械动力。系统主要包括工作流体、工作气体和传递能量的液体。工作流体其实是一种感温介质，其作用是从冷海水层吸收热量，向暖海水层释放热量，它从固态到液态变化时体积膨胀，由液态变化为固态时体积收缩，通过管路中的单向阀控制动作，将这种容积变化转化为滑翔机的整体体积变化，进而改变机体的净浮力，实现水下沉浮运动。工作气体的任务是在暖水层存储工作流体缸传递过来的能量，并在冷水层向外释放存储的能量。

电力推进的无人潜航器的动力系统主要包括推进电机和推进器。推进电机通常采用无刷直流电机，推进器有普通推进器、导管螺旋桨、泵喷推

◎ 美国的“斯洛库姆”无人水下滑翔机

进器等多种形式。目前使用较多的是导管螺旋桨，它是在螺旋桨的外缘增加了一个导流罩。其优点是利用导流管作用增加推力，导管内部流速高、压力低，导管内外的压力差在管壁上形成了附加推力；导管和螺旋桨叶间的间隙很小，限制了桨叶尖的绕流损失；导管可以减少螺旋桨后的尾流收缩，使能量损失减少，推力可以增加 30%~35%。

### 2. 几种新型动力装置

（1）一体化电机推进器（IMP)。美国海军水下作战中心为无人潜航器研制了一体化电机推进器（IMP），用于替代传统的电机加螺旋桨推进方式，它的优势在于噪声低、重量轻、体积小、功率密度高、可靠性高和成本低。IMP 的主要运动部件所占的体积仅为传统永磁电机系统的 50% 左右，节省的空间可以用来装载其他更多设备。

（2）燃料电池。大型潜航器因其体积大，可以搭载其他类型的动力装置。美国海军正在研制的大直径无人潜航器续航力增加到 70 天，仅靠电池无法达到这项指标要求，所以采用了燃料电池。

燃料电池是现在 AIP 潜艇使用的一种能源方式，在潜航时间、噪声辐射等方面优于斯特林发动机。简单说，燃料电池是将燃料具有的化学能直接转换成电能的一种装置。其组成与一般电池相同，单体电池是由正负两个电极（负极为燃料电极，正极为氧化剂电极），以及电解质组成。不同的是普通电池的活性物质贮存在电池内部，因此，限制了电池容量。而燃料电池的正负极本身不包含活性物质，只是个催化转换元件。因此燃料电池是名副其实地把化学能转化为电能的能量转换机器。电池工作时，燃料和氧化剂由外部供给，在装置内进行反应产生电能。目前的燃料电池多以液氢为燃料，液氧为氧化剂。当然，只有燃料电池本体还不能工作，必须有一套相应的辅助系统，包括反应剂供给系统、排热系统、排水系统、电性能控制系统及安全装置等。

此外，国外公司还在研发用于无人潜航器的铝 - 海水燃料电池，通过铝合金与水的置换反应，直接产生电能，无须携带储氧罐，能量密度高达 2 ~ 3 千瓦时 / 升，是锂离子电池的 10 倍。

（3）蓄电池。美国海军的大直径无人潜航器的直径为 48 英寸（约 1.22 米），是一型在港口布放和回收的大排水量无人潜航器，可在公海或近海水域执行任务，所以要求燃料电池的容量要达到 1.5 兆瓦·时，储能密度达到千瓦·时 / 升，其间可加注燃料实现多次启停。除燃料电池外，大直径无人潜航器还装备蓄电池，用于燃料电池启动前的供电，储能量为 8 千瓦时，续航力为 1 小时，最大功率 8 千瓦。

大直径无人潜航器的动力系统有 3 项能源技术值得关注，一是提高动力系统能量密度、减少体积重量的技术；二是降低无人潜航器任务系统能耗的技术；三是长续航力可靠性技术，包括可靠性电池组件、可预测电池失效的智能组件，及其他容错组件、算法和备用系统。

### 3. 美国海军要建水下“充电桩”

为了延长无人潜航器的水下工作时间，美国海军正在发展电磁感应无线充电技术，建立水下充电站，从而延长无人潜航器执行水下探雷、绘制海底地图等任务的时间，提高潜航器的部署率。

无线充电技术，也称为感应充电。这种技术已应用于智能手机和平板电脑，只需将手机放在一个平板充电器上，充电器的交变磁场与手机里的接收器线圈就能引起交流电流。这种超级电容快速充电公交车是以超级电容作为储能元件，在车站安置快速充电装置，公交车就可以利用停靠站、乘客上下车的 30 秒内完成充电。

由于潜航器体积有限，所以携带的电池较少，不足以支持潜航器长时间在水下工作，电力消耗达到一定程度，则必须返回母船或基地更换电池，一来一往相应减少了有效工作时间。有了水下充电站，潜航器则可以省去往返母船或基地的时间，只需很短时间达到充电站，补充电力后可以继续完成预定的任务。这种水下充点站没有插孔和插座，采用无线充电技术。

美国海军水面战中心卡迪罗克分部使用中型试验潜航器（MARV）在马里兰基地一个 6000 加仑（1 加仑 =3.875 升）的罐状设施中成功试验了水下无线能量传输，利用水下充电站对 MARV 潜航器充电，功率达到 2 千瓦。该潜航器长 16.5 英尺，直径约 1 英尺。此外，美国海军还利用卡迪罗克分

◎ 水下充电站对 MARV 潜航器充电

◎ 水下充电站对 MARV 潜航器充电

部研发的算法获取潜航器电池状态的真实数据，而后利用数据采集系统对电池电压、电流和温度进行监控。

### 4. 俄罗斯的水下“小核堆”

俄罗斯在水下充电方面走得更远、更快，俄罗斯先期研究基金会表示将建造一座水下核电站，为在北冰洋地区活动的无人潜航器补充电力，首座水下核电站预计 2020 年建成使用。俄罗斯海军在北冰洋海底布设的全球水下监视系统也可从中获益。据称该项目已通过了国际原子能机构的核安全标准认证，目前正在克雷洛夫科学中心进行试验。

另据报道，俄罗斯研制了一型名为“状态”-6 的无人潜航器。该无人潜航器的直径为 1.6 米，潜深达 1000 米，携带核鱼雷，续航力可达 1 万千米，航速达 57 节。该系统支援舰艇包括 B-90 型“萨罗夫”号小核电潜艇（水下排水量 3950 吨），以及 20180 型“小星星”号救援拖船。预计 2025 年后开始装备。从技术参数来看，该潜航器很可能使用了核电池，即放射性同位素温差发电装置。尽管核电池的实际使用寿命和安全性都较低，但俄罗斯在该领域具有一定的技术优势和设计经验，20 世纪 60 年代末类似的小核电装备就开始随核动力卫星被送入地球轨道。“状态”-6 的主要任务

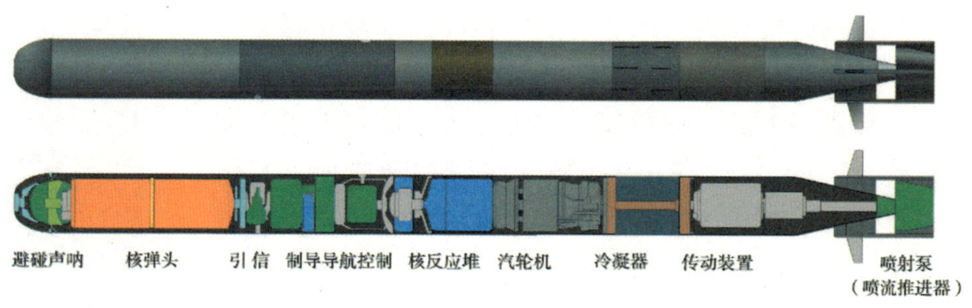


◎ 俄罗斯研制的“状态”-6 的无人潜航器

是在战时对敌方沿海经济区进行破坏，利用核弹头对敌方领海造成严重核辐射，使其无法在领海进行军事、渔业及航海活动。

### 5. 无人艇追求高速和长航时

无人水面艇现在多采用柴油发动机作动力，由于柴油机技术成熟、可靠性好、热效率高，因而应用比较广泛。美国的“海枭”“幽灵卫士”，以色列的“保护者”等无人水面艇都采用了柴油机，航速一般在 35 节左右，续航力最长超过 24 小时。美国海军无人水面艇发动机的主要供应商是洋马海事公司，其系列柴油机单机最大输出功率达 720 马力。其中最新型柴油机采用电子发动机管理系统监视和调节发动机转速、涡轮增压、冷却温度和节流阀，并调整电喷时间和油料流量，确保工作环境下油料完全燃烧并获得最大的燃油热效率。

此外，美国还在研究一种高能量密度动力源，推进柴油机作为混合系统中的一部分，再辅以锂电池组和其他可能的动力源，为无人水面艇提供高可靠性、低维护量的发动机，保证它能够在海洋环境和恶劣海况下，无须再加油连续运转 2 周。

推进器方面，目前国外现役无人水面艇多采用喷水推进，航速超过 50 节。喷水推进器的原理是利用水泵将海水从船底孔吸入，经尾部管子把海水向船后喷出，靠水的反作用力来推进船舶前行。以色列航空航天工业公司 2014 年年初推出的新型“卡塔纳”无人水面艇采用碳纤维 - 玻璃钢复合材料制造，艇长 12 米，宽 2.8 米，装 2 台 560 马力柴油发动机，航速最

◎ 以色列“保护者”无人水面艇

高 60 节，续航力 350 海里，能在保护专属经济区、海上边界等大范围内执行多种任务。

## 二、通信导航　精确定位

在智能手机广泛普及的今天，我们很难想象无人潜航器的水下通信之难。遥控型无人潜航器利用电缆和光缆作为传输媒介来传递信息，其特点是传输信号速度快、可靠性高，但对平台作业范围和灵活性有很大影响。自主型无人潜航器不像遥控型那样需要与母船连接的光线缆线，但还做不到完全自主控制，仍需要与母船保持通信联系。随着海上无人系统的广泛应用，多潜航器间的通信也成为必不可少的功能。自主型无人潜航器与母船间的通信通常采用卫星通信方式，潜航器间的通信一般采用水声通信。

水声通信也属于无线通信方式的一种。它的作用距离取决于所用设备的载波频率和发射功率，传输速度比较低，受水下环境的影响也很大，目前在浅水区的传输距离可以达到数十千米。美国的“金枪鱼”和“雷姆斯”潜航器采用的低功耗水声通信系统的传输速率为每秒 80~5400 比特。美国还研制成功了利用激光对水下通信的方法，利用空中平台发射的蓝绿激光对水下 100 米左右深度的无人潜航器进行通信，但离实战应用还有很大差距。

### 1. 水下组网通信

随着海上无人系统的广泛应用，对水声通信网络技术提出了更高的要求。在美国海军近年来研发的“海网”和“近海水下持续监视网”等水下网络中，无人潜航器是其重要组成部分。

“海网”是为监视水下态势而发展的水下传感器网络，构成网络的主要节点达 17 个，可以在恶劣条件下对近海水域进行严密监控，并通过水声网络传递高质量的情况信息，利用水声通信链路将固定节点、移动节点和网关节点连接成网。

“近海水下持续监视网”是一种半自主控制的海底固定 + 水下中机动的网络化设施，由携带半自主传感器的多个潜航器组成。这些潜航器包括“海马”“金枪鱼”等自主无人潜航器，以及“奥德赛”“海洋”“斯洛克姆”、等水下滑翔机。它们能够互相通信，并自主做出判断、决策，执行情报监视与侦察任务。“近海水下持续监视网”的关键技术也是水声通信，在作战网络中，某个节点(如固定节点)需要通过水声通信系统向另一个节点(如移动节点)传输数据与指令，后者通过射频通信方式向母船或岸基指挥部中继信息；母船或岸基指挥部通过射频通信向网关战场节点传输数据和指令，由后者向其他节点中继信息。水声通信网络技术是多个海上无人系统组网的关键技术，海上无人系统能否完成协同作战任务取决于是否拥有良好的水声通信网络技术。

## 2. 水下 GPS 定位

如同其他舰艇一样，海上无人系统要完成水面 / 水下航行准确抵达预定海区执行作战任务，离不开探测和导航设备，现用导航设备主要有惯性导航系统、GPS 系统、多普勒速度仪等。而无人潜航器在水下航行时无法利用 GPS 定位，因为无线电导航定位信号无法穿透厚厚水层，就好像你驾车出游，手机导航没了信号。采用惯性导航也存在累计误差问题，潜航器又不能经常浮出水面接收 GPS 信号，所以只能依靠探测和导航设备收集的信息进行航行和定位。无人潜航器要想航行到指定地点进行作业和完成指定的任务，必须开发新的导航技术。因此，有些潜航器采用声波定位及水下环境地形匹配导航技术、重力磁力导航技术等。为解决传统导航系统不能满足潜航器需求的问题，法国领先于其他国家，开发出了全球第一套水下 GPS 目标定位导航跟踪系统。其工作原理与 GPS 的工作原理类似，用于向水下移动平台发送导航定位信号，只不过它发送的是声波，而不是无线电波。

美国 2015 年提出研发“深海定位导航系统”，其目的是在水下为各种装有该系统移动终端的潜艇、潜航器等提供实时、连续、稳定的定位和导航信息以及授时能力。该项目的主要内容是在目标海底布放若干声信号源，潜航器通过测量待测点到这些信号源的绝对距离，获得持续、精确的定位。潜艇和潜航器无需定期上浮到水面接收 GPS 信号进行导航和定位，从而减少因上浮导致工作时间的减少，并降低暴露自身位置的概率，提高战场生存能力。

目前无人潜航器主要还是依赖声学导航。声学导航技术主要有长基线（LBL）导航、短基线（SBU）导航和超短基线（USBL）导航 3 种形式。声学导航的优点是定位精度高，误差不随时间累积；缺点是依赖外界设备，需事先在海里布放换能器或换能器阵。

无人潜航器一般都采用综合导航技术，至少安装有 2 种或以上的导航系统，特别是 GPS 系统和 INS（惯性导航）系统。如美国“雷姆斯”无人

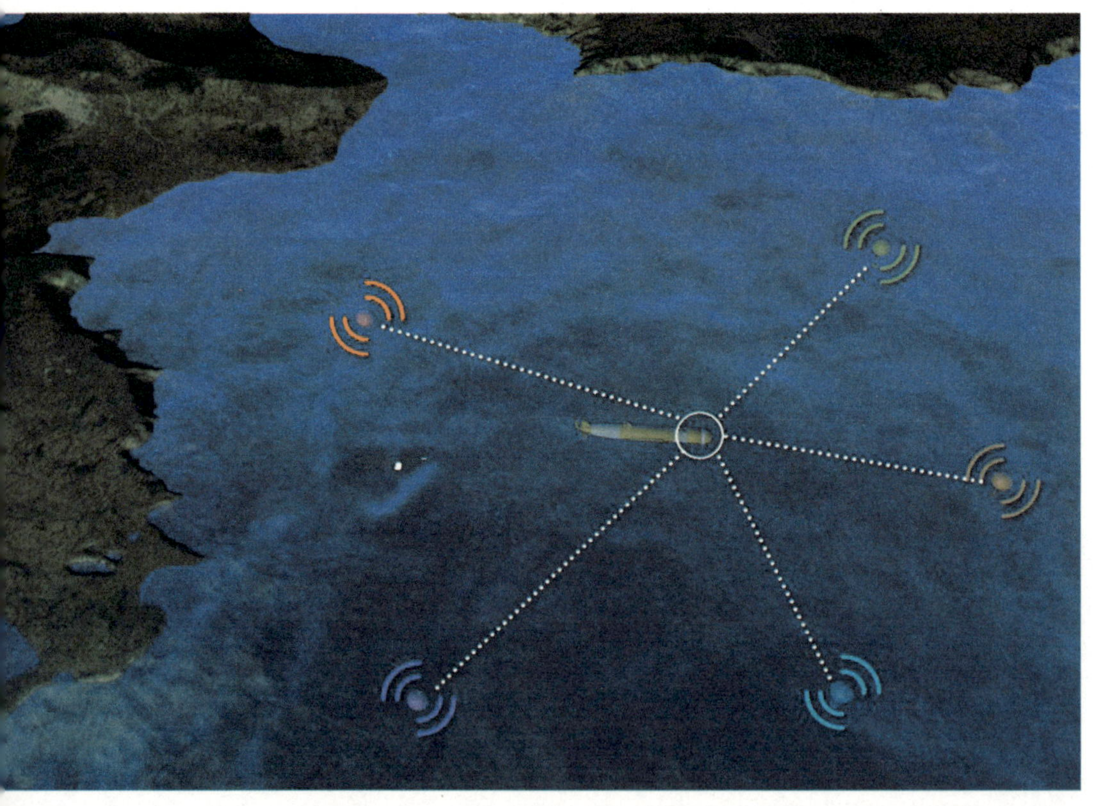

◎ 美国 “深海定位导航系统”

潜航器的标配导航系统有 GPS、INS、多普勒计程仪 / 多普勒流速剖面仪、基线定位系统，可以单独或综合使用 GPS、INS、DVL（多普勒速度仪）、LBL、USBL 等导航系统。

无人水面艇使用较多的组合导航系统是全球定位系统 + 惯性导航（GPS/INS）综合导航系统，国外 20 世纪 80 年代开始研制，现在广泛用于舰船、巡航导弹等装备。惯性导航优点是完全自主式、具有较好的保密性、可全天候使用、机动灵活、多功能等，不足之处是存在误差随时间迅速积累的问题。GPS 导航精度高，误差仅几米，且误差不随时间积累；不足之处是动态环境中可靠性差、非自主式导航技术、受外界环境限制、数据输出频率低等。所以水面无人艇综合使用 GPS/INS，以取长补短，精确定位。

## 三、自主控制　智能作战

海上无人系统的自主控制是指在没有舰员干预的情况下，利用自身的控制系统将感知、决策、协同作战能力和机动能力有机结合起来，根据现场实际情况作出正确判断，并依据预定的控制策略自主作出决策并持续对传感器、武器、动力系统等进行一系列的控制，完成预定任务。目前无人潜航器大多数采用预先编程设计，利用综合控制策略来进行路径规划和避障，具有初步自主避障和路径检查功能，但仍不能实现完全自主控制。虽然现在工业机器人技术已经比较成熟，但多是只能完成简单、重复性的操作，海上无人系统面临的挑战则更为复杂。

### 1. 还不能完全自己说了算

现役海上无人系统一般是遥控或半自主控制方式，还做不到完全自主。随着海上无人系统的任务越来越复杂，距母船的距离越来越远，遥控方式已经不能满足需求，因此需要其具有更高的自主能力。无人水面艇主要是通过视距内和超视距的超高频无线电通信实现遥控，视距内遥控主要依靠母船、直升机或者陆基站，超视距遥控主要依靠无人机或者其他无人水面艇的中继来完成。就当前的技术水平而言，无人水面艇已经具备环境探测、态势感知、多任务协同、路径规划、自主导航、目标跟踪等能力，未来面临的挑战是提高人工智能水平，发展具备自适应能力和学习能力的无人水面艇，以及多无人装备之间的自主协同作业。目前国外无人水面艇的完全自主控制正处于研究与演示阶段。

国外多数无人潜航器现在还处于半自主阶段，需要操作员预先编制作业程序。无人潜航器要实现自主控制还有很多问题有待解决，包括智能体系结构、路径规划与避障、运动控制算法等。它们决定无人潜航器如何处理获取的数据、如何模拟思考和行动过程。随着无人潜航器使命任务复杂程度的不断提高，对无人潜航梅的自主作业能力要求也越来越高。其软件体系结构多采用基于人工智能技术、神经网络和符号推理技术的分层递阶体系结构；并采用神经网络算法对其进行路径规划和避障，根据时间最短、耗能最小或路径最短等标准对其进行优化。

### 2. 智能改变海战游戏规则

未来的海上无人系统不仅要自主控制，还需具备智能作战能力。从字面看，自主控制所表达的含义是无人系统完成航行、探测、攻击等行为的方式，由其自己决策并完成某种行为，称为“自主”。而智能作战所表达的是完成某种作战行动过程的能力。换句话说就是运用的方式方法以及策略符合自然规律或符合人的行为规则，在错综复杂瞬息万变的作战环境中选择最佳方式、路径完成作战。二者是对立统一、互为补充相辅相成的。如同人类的智力存在差异一样，海上无人系统的智能作战水平也会有差异，相同的是各国的无人系统发展过程中都不断提升自主控制和智能作战的水平。

海上无人系统的自主控制和智能作战能力的提高说到底还有赖于人工智能的发展。人工智能的概念最早于 20 世纪 50 年代被人提出，原本是计算机学科的一个分支，20 世纪 70 年代以来被称为世界三大尖端技术之一（空间技术、能源技术、人工智能）。进入 21 世纪它仍被列为三大尖端技术（基因工程、纳米科学、人工智能）之一。对人类生活产生重大影响的空间技术和能源技术已经被掌握并得到充分应用，基因工程和纳米技术已经逐步被攻克，而唯独人工智能技术尚处于发展阶段。自主控制系统是以人工智能为基础的。人工智能的研究一直以来是以理解、模拟人类智能为核心的。麻省理工学院的专家从智能信息处理过程的角度提出了一种人类处理信息并产生智能的四层次结构，分别是“感觉加工”“感知和认知记忆”“决策制定”“行动选择”。他们认为自主控制系统是一个智能化的控制系统，人类处理信息并生成智能的四个层次结构同样适用于机器系统，并将该层次结构应用到了自主控制系统之中，提出了自主控制系统信息处理的四个层次结构，分别是“信息获取”“信息分析”“决策”“行动选择”。

经过几十年的努力，人工智能取得了迅速的发展，并取得了丰硕的成果，人工智能也逐步从一个学科的分支独立出来自成体系。

IBM 公司“深蓝”电脑击败人类的世界国际象棋冠军、“阿尔法狗”击败世界顶尖围棋高手，震惊了世界，但它们仍是在某一领域，基于一定边界条件设计的，结合数以万计国际象棋或类围棋专家的棋谱，并通过“强化学习”、自我训练才实现的。新版“阿尔法零”改变传统设计思维，“它不再需要人类数据。也就是说，它一开始就没有接触过人类棋谱。只是让它自由随意地在棋盘上下棋，然后进行自我博弈”。它在很短时间内便超越了此前的几个版本，横扫了围棋界的高手。

然而，人机对弈对于人工智能的发展意义还很有限。在棋盘上战胜人类并不代表类似技术可以解决其他问题，自然语言理解、图像理解、推理、决策等问题依然有待解决。借助大数据、云计算、类脑科学、认知技术等技术的发展，人工智能将进入一个快速发展的时期，在军事领域的广泛应用将彻底改变海战游戏规则。

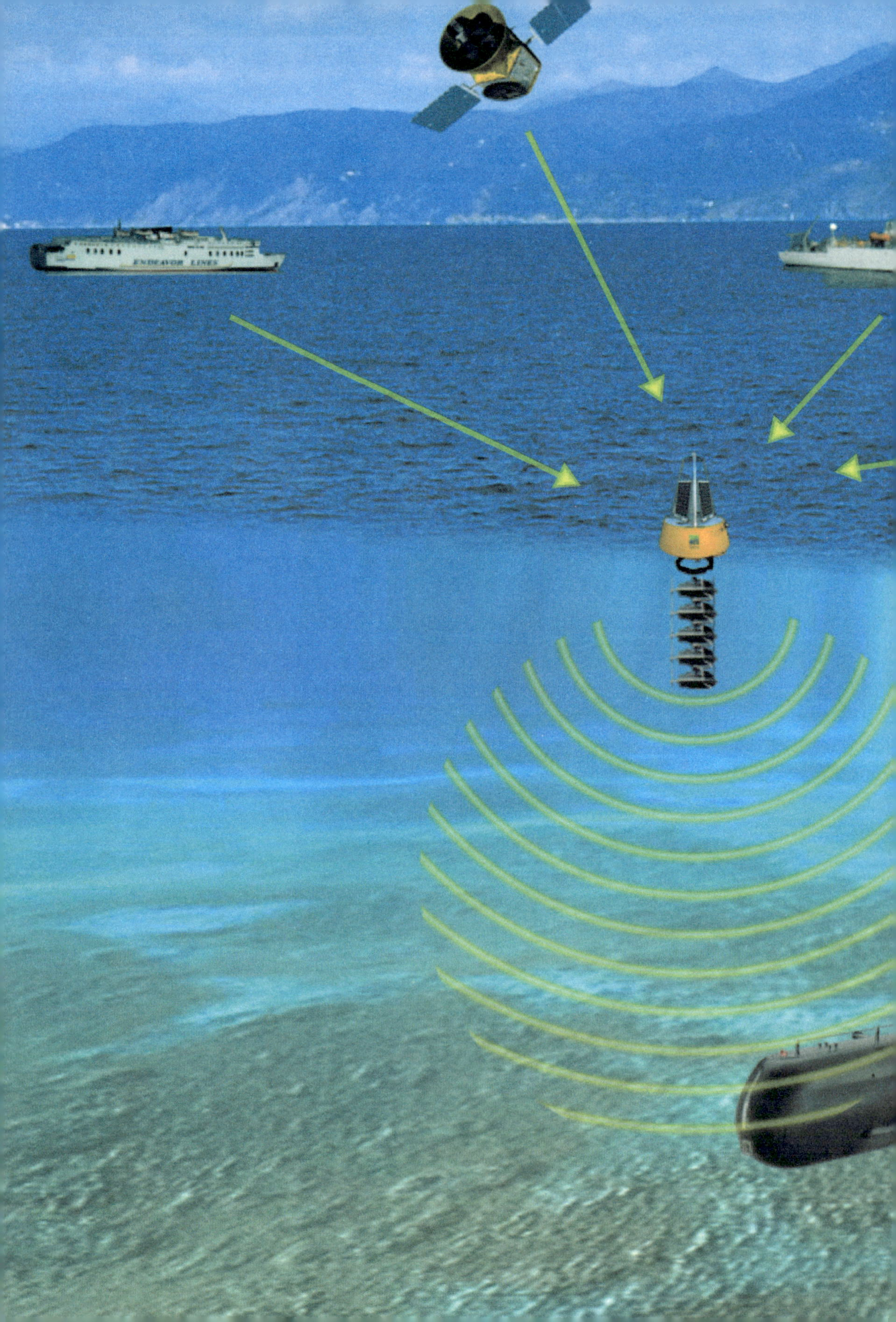
ENDEAVOR LINES

## 四、有效载荷　攻防兼备

早期的海上无人系统任务简单，所以搭载的设备也较少，只承担情报监视与侦察、反水雷等任务，随着任务领域的拓展，特别是“察打一体”无人系统的出现、多类多型无人系统的组合使用，使海上无人系统要干的活越来越多。针对某一项任务研制一型无人系统显然不现实，只能发展多功能海上无人系统，而海上无人系统的体积有限，所以最好的解决办法就是通过换装不同的任务模块，以应对各种任务需求。

美国海军在21世纪初提出“任务重组式无人潜航器”概念，2009年8月，基于对未来海战任务的想定，又提出发展“大直径任务重组式无人潜航器”。它的直径达到1.5米，计划采用燃料电池作为能源，以大幅提高续航能力，并且沿用“任务重组式无人潜航器”的有效载荷模块化技术，以降低使用成本，还可以集成用于水雷战或跟踪潜艇的小型无人潜航器。但在研制过程中发现它仍不能满足需求，继而将其改为“超大直径无人潜航器”，以满足“先进水下武器”等作战概念的需求。

美国国防部要求海军在2025年前研制出“先进水下武器系统”（AUWS），以确保美国海军的水下战方面的优势地位。其目的是优先发展、填补反潜战及水雷战能力的不足。“先进水下武器系统”的设想是将分布式水下网络、无人航行器、武器、隐身技术以及快速致命打击等能力综合集成，在危机和冲突中，达到阻止介入和机动、封锁和打击敌水面舰艇、潜艇和商船，控制交通要道或港口，威慑和破坏经济的效果。

“先进水下武器系统”集传感器、武器、通信设备和潜航器等于一身，系统组成部分包括一艘巨型潜航器和数艘小型潜航器、几枚小型鱼雷和多个分布式水雷传感器。战时可远程遥控激活武器或使其失效，作战行动由系统自主完成，只需利用廉价的自主系统实施攻击。“先进水下武器系统”的设计思路是所有的有效载荷都采用模块化设计，部队在使用时可根据情况对多种传感器和武器进行集成，为特定的任务选择不同的组合方式。备选传感器包括远中近探测装置,运动部分包括潜布机动水雷(SLMM)、鱼雷、小型导弹等，还可以投放一些电子战装置，利用诱饵、噪声发生器等对敌方的监视、探测设备、武器系统等实施诱骗、干扰，使之获得的战术情报失真或武器误炸。

“斯巴达侦察兵”无人水面艇也是由模块化组件构成的、可进行功能动态重组的高速半自动水面无人快艇。艇上可搭载1350~2300千克的有效载荷，既可遥控操作，也可自主行动。其标准配置包括无人驾驶系统、控制用摄像机、导航雷达、水面搜索雷达、光电系统、全球定位系统接收机和视距/超视距通信系统。

目前，已经或正在开发的任务模块有5种，它们是情报监视与侦察模块、兵力保护模块、反水雷战模块、精确打击/反舰作战模块、反潜战模块。

## 五、布放回收　灵活多样

海上无人系统的布放与回收技术是指将海上无人系统从母船/艇布放到水下，从水中回收到母船/艇上所采用的技术。海上无人系统的布放与回收主要是受母船条件的限制。现役水面舰艇、潜艇以及军辅船等搭载海上无人系统的舰船无一例外都存在空间狭小的问题，尤其是在高海情条件下受波浪影响，收放无人系统都不是件容易事。

无人潜航器的布放与回收可分为水面舰船布放回收和潜艇布放回收两大类。

### 1. 水面舰船布放回收

水面布放无人潜航器通常是借助水面舰船固有的小艇和设备吊放装置吊下、吊起，具有简单便捷、成功率高、成本低等显著优点，难点是采用机械挂钩回收时，无人潜航器在水中随波浪摇摆，起吊装置要准确挂上潜航器比较困难，需要解决机械挂钩的精确控制问题，目前的补救措施是派潜水员在水中协助挂钩。对于体积小的便携式无人潜航器多以人工布放为主。未来还可能服役“曼塔”等嵌入潜艇外壳的超大型无人潜航器，它的布放回收将更加便捷，同时对无人潜航器的设计和自主性能提出了更高的要求。

“曼塔“是美国海军20世纪90年代提出发展的一型超大无人潜航器，长10.4米，主体宽2.44米，高0.9米，最大航速10节，潜深可达244米，自身质量7吨，可携带鱼雷等武器，潜入敌港口或要地执行监视、情报收集、攻击等任务。它与其他无人潜航器最大的不同是可嵌入潜艇壳体的外面，采取艇外布放和回收方式。按照美国海军的计划，1艘攻击型核潜艇可携带4艘“曼塔”，即可与潜艇一同作战，也可布放后自主作战。

◎ “曼塔”探索型无人潜航器

◎ 美国海军“曼塔”无人潜航器及其搭载设想

◎ 无人潜航器布放中

### 2. 潜艇布放和回收

潜艇布放和回收无人潜航的所有操作全部在水下完成，比水面布放和回收更加困难。目前潜艇主要是利用鱼雷发射装置和导弹垂直发射装置布放和回收无人潜航器，布放相对简单，只要平稳将无人潜航器从潜艇中送出即可。难的是回收，目前回收方式主要有发射管机械臂抓取回收、外部遮蔽舱自主航行回收、漏斗捕获回收等。

（1）利用鱼雷管发射装置。使用鱼雷管布放无人潜航器就像发射鱼雷那样，先装填关闭后盖，然后注入海水，使用高压气体将其推出发射管口；回收时借助辅助装置拉潜航器入管，关闭前盖排水，然后从鱼雷管后部将其回收到鱼雷舱。操作过程中最重要的是避免无人潜航器与发射装置发生碰撞造成设备损毁。鱼雷管回收有两种方式，一是单管回收，不需要对现有潜艇的鱼雷管进行大的改装，经济性较好，但前提是无人潜航器直径不能过大，否则无法使用回收装置。二是双管回收，回收装置和无人潜航器分别从两具发射管进出，对无人潜航器的直径要求相对较小，只是操作相对复杂。

（2）利用导弹垂直发射装置。美国海军为了使“近海水下持续监视网”的多型无人潜航器可以从“俄亥俄级”巡航导弹核潜艇上布放和回收，由通用电船公司研制了“通用发射与回收模块”（ULRM）。该装置可以装在原来用于发射弹道导弹的直径约 2 米的发射筒内。2014 年，美国海军与通用动力电船公司使用重约 4.5 吨的“马林”潜航器测试了 ULRM。该系统的升降装置可将 1360 千克的潜航器从潜艇内部运送到艇外。该系统通过 2 台笔记本电脑控制，不需要对潜艇的结构进行改装，另外安装别的控制系统。使用时，打开舱盖，向上伸出携带潜航器的机械臂，然后 90 度转

知识链接

“曼塔”（Manta）探索型无人潜航器

美国海军在研的巨型无人潜航器。美国海军为了解决攻击型核潜艇难以在浅海作战的难题，决定研制可在近岸沿海水域灵活运用的自主式无人潜航。主要任务是隐蔽潜入预定海域，长时间设伏，执行情报监视与侦察、水雷探测、海洋数据收集、通信中继等任务，必要时利用自身携带的鱼雷等武器对特定目标发起攻击。

“曼塔”探索型试验平台采用非常规的扁平外形设计，旨在验证作战概念，是一种模

向，放出潜航器。回收时无人潜航器需要准确地航行到机械臂附近，并借助“拉降装置”准确与之对接，然后两者一起回缩到发射筒内。美国海军还计划在弗吉尼亚级第 3 批攻击型核潜艇使用该系统，第 3 批核潜艇将装备称为“弗吉尼亚载荷模块”（VPM）的新型导弹垂直发射装置，其外径与“俄亥俄级”的导弹发射筒大致相同。这意味着“弗吉尼亚级”后续艇也可以使用体积更大的无人潜航器。

◎ **“马林”潜航器**

块化设计、任务可重组的巨型无人潜航器。具有大载荷、高精度导航、声学通信和无线电射频通信以及低速控制能力。艇外布放和回收，未来可携载微型无人潜航器和武器等有效载荷。

其具有两种作战方式：一是与母艇共同执行任务，即母艇直接控制“曼塔”携载的武器与传感器实施作战行动。二是单独遂行作战任务，离开母艇后，“曼塔”自主地或通过被遥控方式完成各项任务，或作为网络中心战中的一个节点，发挥战场前置传感器的作用，扩大编队的预警范围。

◎ 布放中的“马林”潜航器

（3）利用母船装置。目前发展的无人水面艇大部分与大型舰艇搭载的刚性充气艇长度相当，其布放回收可利用母船上现用的吊艇柱或坡道完成。国外近年研制的中小型水面舰艇大多在舰尾部设计了用于无人水面艇等进出的坡道。无人水面艇的布放回收主要是对海情、航速等有要求，风浪过大时无法进行安全的布放和回收，并需要人工干预，如操纵起重机、挂接无人水面艇等，效率低，有一定的危险性。在航速较高时，受到航速和舰艇在水上颠簸、摇摆的影响，需要使用专门的系统来实现回收，舰艇高航速时进行回收作业需要专业的安全的布放回收系统。目前各国无人水面艇布放回收仅能在较低海况条件下进行，回收过程大致可分为归航、位置调整、附着和“上船”几个步骤。

### 3. 海上无人系统的布放与回收发展方向

（1）发展目标。海上无人系统的布放与回收今后的发展目标是能够在更高航速和更高海情下进行布放和回收。主要的发展方向是研制通用的布放回收系统可用于多型无人水面艇，系统将更简单、易操作易维护。

（2）发展重点。海上无人系统发展重点是通用化的接口，最大限度地减少手工操作，并重点提高复杂海况下的安全性和可操作性。目前较好的布放回收系统是美国物理科学公司为“斯巴达侦察兵”无人水面艇开发的回收系统，母船可在15~20节的航速下进行安全的作业。美国密歇根航空公司为濒海战斗舰开发的充气式系统可实现高海情下的回收。